含章
新实用

阅读图文之美 / 优享健康生活

宝宝辅食

每周这样吃

［韩］蔡偶秀　［韩］朴贤珠　著　叶蕾蕾　译

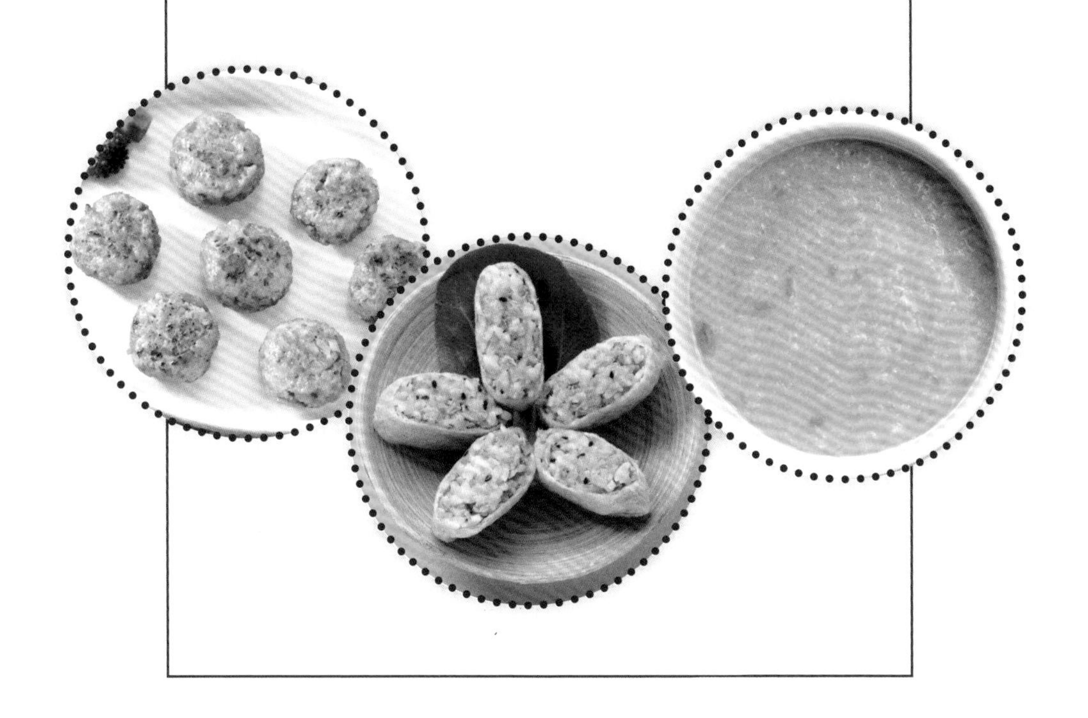

江苏凤凰科学技术出版社 · 南京

江苏省版权局著作权合同登记 图字：10-2015-431 号

图书在版编目（CIP）数据

宝宝辅食每周这样吃 /（韩）蔡偶秀，（韩）朴贤珠著；叶蕾蕾译．—南京：江苏凤凰科学技术出版社，2022.11

ISBN 978-7-5713-3190-0

Ⅰ．①宝… Ⅱ．①蔡… ②朴… ③叶… Ⅲ．①婴幼儿－食谱 Ⅳ．① TS972.162

中国版本图书馆 CIP 数据核字 (2022) 第 158049 号

宝宝辅食每周这样吃

著　　者	［韩］蔡偶秀　［韩］朴贤珠
译　　者	叶蕾蕾
责任编辑	陈　艺
责任校对	仲　敏
责任监制	方　晨
出版发行	江苏凤凰科学技术出版社
出版社地址	南京市湖南路 1 号 A 楼，邮编：210009
出版社网址	http://www.pspress.cn
印　　刷	天津丰富彩艺印刷有限公司
开　　本	718 mm × 1 000 mm　1/16
印　　张	15
插　　页	1
字　　数	365 000
版　　次	2022 年 11 月第 1 版
印　　次	2022 年 11 月第 1 次印刷
标准书号	ISBN 978-7-5713-3190-0
定　　价	49.80 元

图书如有印装质量问题，可随时向我社印务部调换。

前言

每个妈妈都希望能给自己的孩子做一些健康又美味的食物。

有句话是这样说的："看到孩子吃得开心，妈妈更开心。"为了让孩子吃得健康、营养，妈妈们在厨房里忙个不停。对于那些连粥都没怎么正儿八经地煮过的新手妈妈来说，做饭可不算是一件容易的事情，尤其是给出生还不到一年的宝宝做饭，看似容易，实际上并非如此。

作为妈妈的我们深有同感。

我俩，一个在二十几岁便抚养两个接连出生的女儿，另一个在四十岁才迎来自己的第一个孩子，我们也不知走了多少弯路。我俩平时都喜欢做饭，也专门为此深造过。不仅如此，市面上出售的宝宝断奶期辅食的书，我们几乎都有涉猎。见到别人说过的好用的辅食制作工具便如获至宝，购回之后便怀着万分激动的心情开始了宝宝辅食的制作。

粉碎食材，进行烹调，这中间的每一个细节都融入了我们浓浓的心意。在此过程中，我们核对了宝宝断奶期辅食的种类和具体食量，但是具体应使用哪种食材，如何处理食材，怎样确定眼下这一周要做的辅食的顺序……面对这些问题，我们看了不下十本断奶期食物的书，可是依然觉得心里没底。

断奶期的辅食与孩子的健康息息相关，为了宝宝的健康成长，经过反复学习和不断探索，我们做成了这本断奶期辅食食谱书。首先，确定好每个月孩子最应该吃的食物；其次，制订好一个月的食谱计划，并尽可能地按照这个计划去执行。制作食谱的时候，轮流利用不同的食材，并且要考虑到营养的搭配。这样一段时间下来，妈妈们就知道了自己的孩子喜欢什么样的食物、对哪种食材反应比较敏感、喜欢哪种烹饪方式等。

靠着以上这些方法，我们的孩子安然度过了断奶期，现在都非常健康。相隔一岁的两个女儿慧晶和慧敏，从不挑食，目前都已经上小学了。靠着之前带两个孩子积累下来的育儿经，现在带的老幺慧秀也快满周岁了。至今，慧秀一次病都没生过，也在一天天地长大。不仅如此，我们周围的朋友也获益良多。妈妈是大龄产妇的小蔚，之前一直有过敏的症状。现在，比起点心之类的零食，小蔚更喜欢吃蔬菜条。他的饮食习惯特别健康，皮肤看起来白皙通透。在幼儿园的小朋友中，他吃饭吃得最好，而且从来没有感冒过，绝对是个棒小伙儿。

为了让所有正在为断奶期辅食而头疼的新手妈妈们不像过去的我们一样走弯路，我们推出了这本《宝宝辅食每周这样吃》。在断奶期辅食和宝宝餐的制作方面颇有些心得的我们，光是为打造出不同阶段的断奶期辅食食谱就花了好几个月的时间。细致之至，足见我们的诚心。不仅如此，我们还找到了营养师安小贤博士，并针对相关问题和安博士进行了多次的交流、探讨。

为了让妈妈们了解应该给不同月龄的孩子吃何种食物，怎样去料理才最好，我们推出了断奶期辅食的准备篇。本书一共介绍近 200 种食物的做法，里面的食物搭配既操作简单又富含营养，新手妈妈也可以轻松学会。最特别的是，这是一本按成长阶段编写的月历食谱。如果您还不知道该从哪里入手给宝宝准备食物，那么按照书上的顺序来就行了。书中根据宝宝成长的不同阶段应该摄取的各种营养，制订了辅食食谱月历，您只需按照月历上的内容一步一步地来制作食物便可。当然，根据孩子的实际情况进行适当的调整也是必要的。

希望看到此书的所有妈妈，都不再为给宝宝做断奶期的辅食而发愁，同时也真诚地祝愿辅食期的宝宝们健康成长。

目录

准备

第一章

辅食制作指南

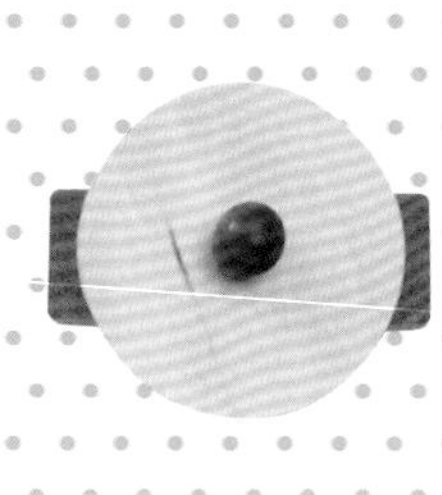

第二章

4~6 个月 早期辅食

粥

第三章

7~9 个月 中期辅食

稀饭 · 软饭

第四章

10~12 个月 后期辅食

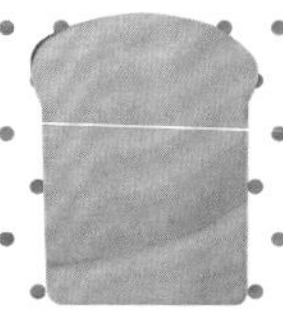

整碗饭

第五章

12 个月龄以上 完成期辅食

第一章

辅食制作指南

“宝贝第一次吃的食物，我自己做的最放心！”

有的妈妈之前都没怎么正儿八经做过饭，不过，在宝宝的辅食问题上，宝妈可来不得半点儿马虎哟。

即使是产后重返职场忙于工作的宝妈，往往也希望能够自己动手给宝宝制作辅食。

宝宝辅食的制作过程并不复杂，只要掌握了辅食制作指南，就能轻松应对。

什么是断奶期辅食？

一直只吃母乳或者奶粉的宝宝不可能在某一天一下子就转到固体食物上来，这是因为宝宝的消化功能还不像成人一样完备。所谓的断奶期辅食，就是从母乳或奶粉向固体食物过渡的过程中宝宝所吃的食物。从糊糊类的流食开始，慢慢经过粥、稀饭、软饭，最后到米饭，这段时期的辅食是宝宝出生以来第一次接触到的食物，因此需要妈妈尤其用心。想让孩子远离疾病，健康成长，最重要的就是让孩子摄取到均衡的营养，另外还要养成良好的饮食习惯。孩子吃什么、怎么吃，这些因素日后都会在孩子的健康方面显现出来。

根据宝宝不同的成长发育阶段，充分利用手中的食材，给宝宝多做一些不重样的辅食吧。通过食用辅食，宝宝的牙床及用牙齿进行咀嚼的能力都会得到锻炼；同时，宝宝还能均衡摄取对成长发育十分有用的矿物质、蛋白质、维生素等营养成分。

喂宝宝吃东西的时候，妈妈和宝宝间的交流也很重要。即使宝宝不好好吃饭，也一定要保持耐心。等到宝宝开始好好吃的时候，就要好好表扬他（她），这样有助于提高孩子吃饭的积极性。

“我对做饭完全不在行，
到底该怎么做辅食呢？”

“辅食的制作方法是最简单的。
不要担心，请跟我学吧！”

什么时候开始吃辅食？如何开始？

宝宝出生 120 天后，也就是满 4 个月的时候，就可以开始考虑添加辅食了。一般这么大的宝宝就会表现出对食物的兴趣了。看到食物，他（她）会伸出小舌头做出品尝的样子，看到大人吃饭也会表现出非常关注的样子。如果宝宝已经出现此类表现，那么就可以为他（她）添加辅食了。

早期辅食（出生 4~6 个月，糊糊） 此阶段为宝宝从“吸”过渡到“吃”的阶段。宝宝需要适应母乳或奶粉之外的食物。一天喂宝宝吃一次糊糊类的流食，每三天可以换一种食材。同时注意观察宝宝对食物是否有过敏反应。应该在宝宝添加辅食后至少一个月才能喂初期零食。

中期辅食（出生 7~9 个月，粥） 每天喂宝宝吃两次粥，中间添加零食。这一时期是宝宝生长发育最快的一个阶段。一般来说，宝宝会萌出 2~4 颗牙，开始逐步具备吞咽的能力了。纯母乳喂养的宝宝，此时很容易缺乏矿物质、维生素等营养成分，因此一定要通过辅食给宝宝补充营养。

后期辅食（出生 10~12 个月，稀饭、软饭） 此时的宝宝一般会萌出 4~8 颗牙，可以咀嚼食物。因此，按照家里大人的饭点，可以一天给宝宝吃三次稀饭或软饭。这一时期需要让宝宝接触不同食物的口味，并养成自己吃饭的良好饮食习惯。

完成期（1 岁以后，整碗饭） 宝宝即将迈入幼儿阶段。虽然大牙已经开始萌出，但消化能力还未发育完全。不能让宝宝直接跟着大人吃同样的饭，而要单独为宝宝制作适合他（她）的食物。

在辅食的制作上，最重要的就是食材了。根据宝宝成长发育阶段的不同，有些食物可以给他（她）吃，但有些绝对不能给他（她）吃。因此，事先一定要确认好哪些东西可以给宝宝吃。宝宝吃后有什么反应，妈妈也要特别留意。有可能会诱发过敏的食物可以逐步慢慢地添加到辅食中来，所以妈妈们一定不要操之过急。

一学便会的辅食制作

	早期	中期
月龄	满 4~6 个月	满 7~9 个月
牙齿数	0 颗	2~4 颗
辅食次数	辅食一日 1 次（10 点） 母乳 / 奶粉 5 次（800~1000 mL）	辅食一日 2 次（10 点，18 点） 零食 1 次（16 点） 母乳 / 奶粉 3~5 次（700~800 mL）
食物形态及摄入量	10 倍水的糊糊 一顿 30~60 g	7 倍水的粥 一顿 70~100 g
食物大小或浓稠度	大米	大米
	鱼	鱼
	鸡肉	鸡肉
	胡萝卜	胡萝卜
	菠菜	菠菜
所用食材	大米、糯米、土豆、南瓜（绿皮）、西葫芦、胡萝卜、苹果、梨、香蕉等	早期食材 + 牛肉、鸡肉、蘑菇、芸豆、白色的鱼肉、紫菜、豆腐、洋葱
需注意的食材	豆腐、桃子 *、西红柿、鸡蛋、奶酪	猪肉、面粉、坚果类

	后期	完成期
月龄	满 10~12 个月	12 个月以后
牙齿数	4~8 颗	8~10 颗
辅食次数	辅食一日 3 次（8 点，12 点，18 点） 零食 2 次（10 点，15 点） 母乳 / 奶粉 2 次 +3 次补充（500~700 mL）	辅食一日 3 次（8 点，12 点，18 点） 零食 2 次（10 点，14 点） 母乳 / 奶粉 2 次→0 次(包括鲜牛奶 400 mL）
食物形态及摄入量	稀饭→软饭 一顿 100~120 g 	软饭→米饭 一顿 120~150 g 
食物大小或浓稠度	大米 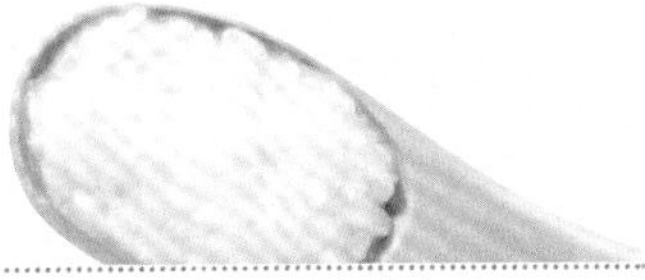	大米 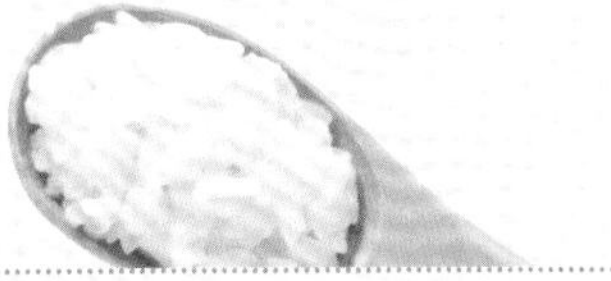
	鱼 	鱼 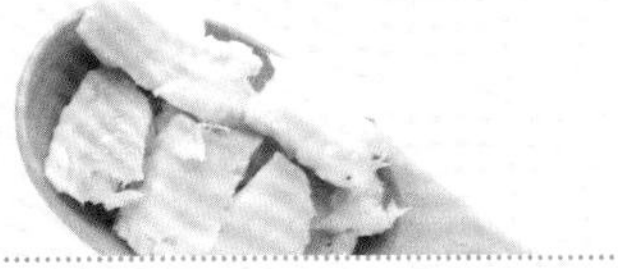
	鸡肉 	鸡肉 
	胡萝卜 	胡萝卜 
	菠菜 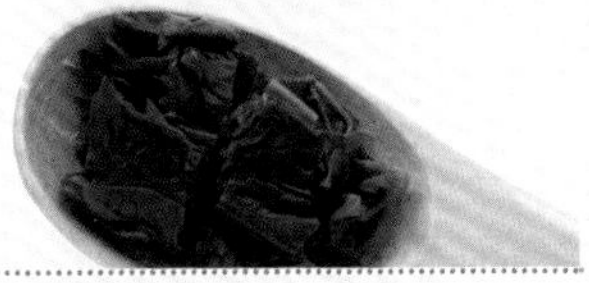	菠菜 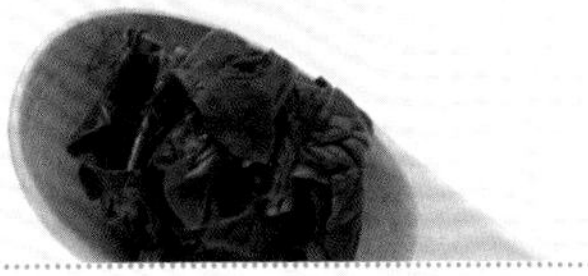
所用食材	中期食材 + 海带、大虾 *、猪肉、牡蛎 *、橘子、三文鱼等	后期食材 + 茄子、韭菜、牛奶 *、西红柿、桃子 *、猕猴桃、草莓、坚果类等
需注意的食材	蓝背海鱼、点心、牛奶 *、猕猴桃、草莓	容易诱发过敏的食材

（* 需注意过敏问题）

羊羊家的辅食原则

身为三个孩子的妈妈，现在又经营着育儿和料理主题博客，慢慢地，我积攒了不少的心得。以下内容均经过营养学博士的审核。

1 给宝宝添加辅食最晚不能晚于出生后 6 个月

宝宝出生 6 个月以后，母乳中的免疫成分会逐渐减少，宝宝被各种细菌、病毒感染的概率也就相应增加。另外，此时宝宝仅靠母乳已经难以满足生长发育所必需的维生素、矿物质等营养成分的需求。假如不吃辅食，宝宝很容易出现营养不均衡，这会影响其身体和大脑的发育。因此，给宝宝添加辅食最晚不能超过宝宝出生后的 6 个月。

2 通过母乳或奶粉给宝宝补足营养

断奶初期，宝宝就要接触到断奶期的辅食了。这一时期要让宝宝逐步适应母乳或奶粉以外的食物，但是光靠辅食是难以摄取到足够的营养物质的。虽然辅食的添加量在一天天增多，但是毕竟这一时期宝宝能够吃的食材还是有一定的局限性的，所以妈妈一定要通过母乳或奶粉给宝宝补足营养。母乳和奶粉中的脂肪酸是宝宝成长和大脑发育的重要营养素。

3 明确不同月龄的宝宝分别可以吃哪些食物

从断奶初期开始，慢慢到后来的中期、后期，宝宝可以吃的食物越来越多。不过，根据宝宝月龄的不同，有的食物绝对不可以给宝宝吃，而有一些食物必须要给宝宝吃。像肉类、鱼类等食物都是宝宝生长发育过程中必须摄入的，它们对预防贫血、帮助宝宝身体发育都有很大帮助，因此一定要在合理的时间给宝宝吃。有一些容易诱发过敏的食材，建议在宝宝满周岁以后再吃。

4 每隔几天可以添加一种新的食物

随着宝宝月龄的增大，他（她）能吃的食物也越来越多。妈妈要多多利用手中的食材给宝宝制作辅食。宝宝小时候接触到的食物种类越多，就越有助于避免偏食。另外，味觉会伴随人的一生，所以早期添加的辅食对宝宝的味觉发育也会产生很大的影响。当然，在处理一种新食材的时候，妈妈们一定要多加注意。要考虑到这种新食物是不是好消化，会不会引起宝宝过敏。因此，在断奶初期和中期，最好间隔2~3 天再添加新的食物。

5 把食物煮一下或焯一下，宝宝更容易吃

宝宝跟大人不一样，他们的咀嚼能力和消化能力都很弱。因此，应该把食材先煮一下或焯一下水之后，再给宝宝制作食物。还有一点，给宝宝制作辅食的时候，最好不要放油，否则会给宝宝的消化带来负担。如果必须放油，可以少放一点香油。

6 通过肉类摄取足够的铁

断奶中期，母乳中的营养成分开始逐渐减少，如果辅食再跟不上，宝宝很容易出现缺铁的情况。铁起着为大脑供氧的作用。如果缺铁，会影响宝宝大脑的发育。这一时期的宝宝一定要摄取足量的牛肉、鸡肉等。牛肉可以做成高汤，然后做进一步的加工。当然，黄绿色的蔬菜也含有大量的铁，不过吸收率就低得多了。

7 营养要均衡

宝宝的健康发育，除了需要碳水化合物、蛋白质和脂肪等热量营养元素，还离不开无机质和各种维生素。本书的月历食谱便是由 6 大食品群：谷类、肉类、豆类、蔬菜类、水果类、乳制品类所构成的。请尽量按照食谱来做，以做到营养均衡。

8 周岁后再加调味料，尽量使食物清淡一些

看到宝宝不爱吃饭，很多妈妈就往食物中添加调味料，这可能会导致多种问题的发生。首先，对于生长期的孩子来说，钙作为形成骨骼的元素，其作用是十分重要的。但是假如宝宝摄取了过多的钠，就会导致体内钙的流失。不仅如此，如果宝宝养成了口味比较重的饮食习惯，成年后罹患骨质疏松的概率会大大增加。因此，在宝宝周岁之前，最好不要在食物中放任何调味料，就让宝宝接触食物的原味即可。周岁后，也要尽可能地把宝宝的食物做得清淡一些。

9 光吃水果、果汁等零食是吃不饱的

断奶中期就可以给宝宝吃一些小零食了，但是如果宝宝吃水果、果汁等零食太多，就会变得不爱吃饭。虽然水果含有维生素和矿物质，是很好的食物，但是如果宝宝熟悉了水果的甜味，就会抗拒其他的食物，然后只想吃甜的东西。所以零食还是尽量晚点给宝宝吃比较好，在两顿饭中间稍微喂一点就好了。

10 在相同的时间、相同的地点喂宝宝吃饭

断奶期的辅食会影响宝宝日后的饮食习惯。如果想让宝宝养成好的吃饭习惯，那么，固定好吃饭的时间和地点是很有必要的。如果宝宝不想吃东西，不要在后面追着强喂，这样要么会导致宝宝讨厌吃饭这件事，要么会让宝宝觉得吃饭就是闹着玩。坚持在固定的时间和地点喂宝宝吃饭，慢慢地，这会变成妈妈和宝宝之间的一种无形的约定。到了吃饭的时间宝宝就会自己做好吃饭的准备。

11 每天记录食物的种类和数量

开始给宝宝添加辅食后，要多多注意观察宝宝的变化。最直观的方法便是由妈妈来亲自记录一个辅食日志。记录日志的时候，不仅要记录下食物的种类及宝宝的饭量，还要把吃饭时间和地点一起记录好。这样，对于一种之前没有吃过的食物，宝宝会不会有过敏反应，一眼就能看出来。再者，对于宝宝爱吃的东西，以及不爱吃的东西，也可以轻松掌握，这对于纠正宝宝的偏食习惯也很有帮助。宝妈可以参照本书的食谱月历，在上面记录下宝宝每一天所吃的饭量。

12 外出时也不能忘记带辅食

妈妈是最了解自己宝宝的人，所以才能给宝宝制作适合他（她）的食物。外出时，外面卖的饭菜跟妈妈自己做的辅食势必存在很大差别，前者可能会引起宝宝的不适。如果想让宝宝更好地接受妈妈做的食物，最好不要让他（她）过早地接触外面的食物。

“平时还要上班，
哪有时间给宝宝做辅食呢？”

“周末把食材收拾好，冷藏起来。
两天做一次。做好之后直接冷冻，这样解冻后，
味道跟原来的一样哦！”

辅食制作工具

制作辅食的时候需要用到石臼、礤菜板、滤网、专用刀、专用砧板、单柄锅、硅胶饭勺等。由于宝宝的免疫力还比较弱，最好将辅食制作工具与大人用的分开，单独使用。如果平时时间不是很充裕，也可以利用搅拌机、粉碎机、婴儿食物料理机等。

必需品

礤菜板

用来将焯过水的蔬菜擦碎，或在挤水果汁时使用。

滤网

在制作断奶初期辅食的时候，糊糊烧开之后，需要在滤网上再过滤一遍。

石臼

用来将泡好的米磨细，或将蒸熟的蔬菜碾细。

硅胶饭勺

制作辅食的时候需要不时地搅拌食物，所以饭勺是必不可少的。硅胶饭勺使用起来比较卫生，也易保管。

小锅

制作辅食时经常需要小火煮很长时间，所以推荐使用锅底由几层构成的那种不锈钢单柄不粘锅，做饭时可以一手固定住锅柄，一手搅拌，使用起来比较方便。条件允许的话，可以准备两个直径在 16~20 cm 的单柄锅。

刀

成人刀具可以用来处理很多材质的东西，宝宝的辅食制作用刀最好单独准备。推荐使用陶瓷刀，这种刀具会减少对食物营养素的破坏。

砧板

砧板一定要专物专用。清洗之后让其干透，防止细菌的滋生。考虑到断奶期过后还将继续使用砧板，所以需要考虑好合适的大小再去购买。

量杯、量匙、计量秤

辅食的量都较少，估量的时候很难精确。因此需要准备量杯、量匙和计量秤。

制冰格

切碎的食材或高汤可以分别冰冻起来，需要的时候拿出来便可以使用。

压碎器

想要压碎煮熟的土豆或红薯，只需用压碎器往下用力一压就可以了。

粉碎器

对于刚学做饭不久的人来说，粉碎器可是个好东西。市面上有很多粉碎器出售，利用好它能大大缩短处理食材的时间。

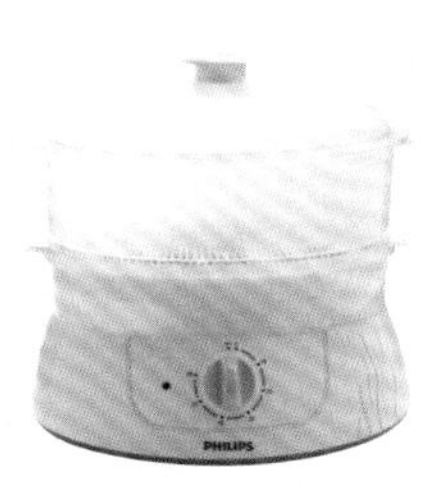

蒸器

辅食的制作过程中会经常用到蒸的方法。所以有一个蒸器将会十分方便。

替代物

全能辅食机

同时具备辅食制作过程中最费时的蒸和煮的功能，推荐平时时间比较紧张的上班族妈妈使用。

辅食料理套盒

由石臼、礤菜板、臼棒等组成。通常在制作初期辅食的时候用得比较多。考虑到环保与健康的问题，推荐选择陶瓷材质的。

搅拌机

时间比较紧张的时候，搅拌机就可以大显身手了。用于辅食制作的搅拌机最好不要选用塑料材质的，玻璃材质的比较好。

推荐的辅食盛放器皿

由于盛放辅食的器皿会直接接触到宝宝的嘴，所以需要经常消毒。妈妈们可以选择那种可以开水消毒、能安全盛放较热食物、可以在微波炉中加热的器皿。在不同的阶段，宝宝需要使用不同的勺子和杯子。不过当宝宝对食物缺乏兴趣的时候，也可以给他（她）换一副杯勺。

密封容器

盛放宝宝辅食的时候，应该选择陶瓷材质的器皿。这样即使食物很烫也比较安全。给食物进行加热的时候，可以直接放进微波炉加热。

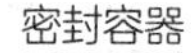

密封容器

勺子

喂辅食用到的小勺，必须是可以进行消毒的。宝妈们需要根据宝宝成长的不同阶段，以及不同的辅食喂养阶段，来为宝宝挑选合适的饭勺。

在初期，可以为宝宝挑选那种容易喂饭，又不会刺激宝宝牙龈的材质较软的长柄勺。中期开始，可以选择那种拿起来较轻，又容易让宝宝抓握的饭勺。

辅食碗

请宝妈们为宝宝准备材质健康、可以消毒、轻盈、同时不容易摔碎的碗。辅食初期的食物形态一般是糊糊类或者粥类的，因此要使用中间凹进去的那种普通饭碗；但是中期开始，那种中间分为几格，可以分开盛放好几种食物的餐盘就比较实用了。还有的碗在底部附有一个吸盘，这样可以防止碗从饭桌上掉下去。

底部有吸盘的碗

中间分格的碗

中间凹进去的碗

辅食早期
超软宝宝辅食勺

辅食中期
宝宝辅食勺

辅食后期
叉勺组合

辅食完成期
叉勺

水杯

宝宝6个多月大的时候就要训练他（她）喝水了。初期使用两边有抓手的奶嘴杯，之后就要学习使用吸管杯了。最后则让宝宝练习用普通杯子喝水。跳过奶嘴杯，直接使用吸管杯或者普通杯子的情况也很常见。挑选吸管杯的时候，要选择那种即使倒过来或者使劲摇也不会漏水，而且清洗起来比较方便的吸管杯。另外，吸管要容易拆卸，以便进行清洗和消毒。还要定期更换吸管，保持杯子清洁卫生。

吸管杯　吸管杯　奶嘴杯　奶嘴杯

围嘴儿

宝宝在1岁前的吞咽能力还不强，所以围嘴儿是必需品。用纱布围在宝宝的脖子上也可以，不过宝宝在吃饭时会流下一些汤水，所以最好选择防水布制作的围嘴儿。那种很轻的硅胶围嘴儿也比较方便，它能接住流下来的食物。

防水布围嘴儿

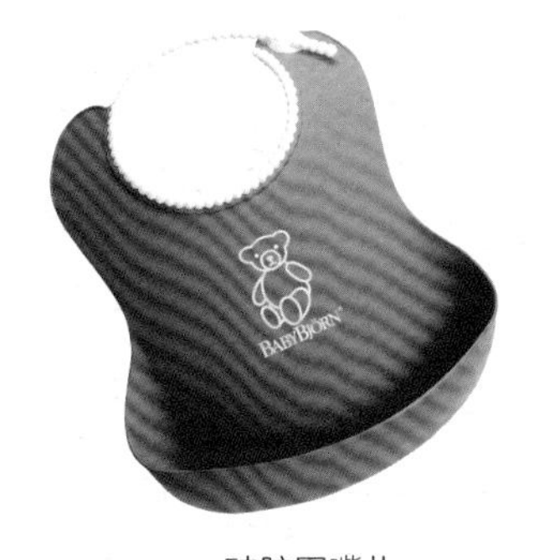

硅胶围嘴儿

保温瓶

和宝宝外出的时候，必不可少的就是保温瓶。比较热的食物装进保温瓶可以保温3~4小时。

保温瓶

宝宝餐椅 / 靠椅

要想让宝宝养成在固定的时间和地点吃饭的习惯，使用宝宝餐椅还是很有必要的。也可以准备一个可以移动的靠椅，然后固定到椅子上去。

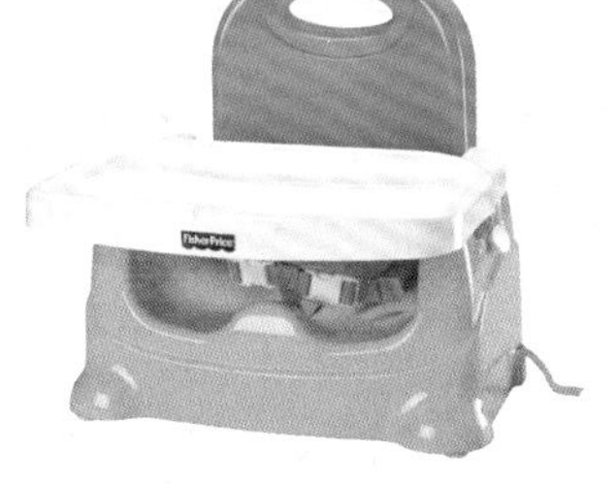
宝宝靠椅

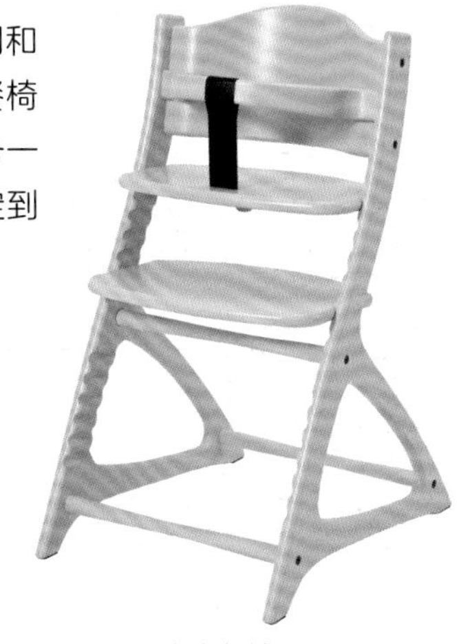
宝宝餐椅

辅食食材的处理方法及保存方法

想要做出一份营养满分的婴儿辅食，最重要的就是食材一定要新鲜。由于辅食中用到食材的量非常少，因此剩下的食材可以用到做大人的饭中去，也可以煮一下或者用热水焯一下后保存起来。冰箱保鲜功能可以保存 2~3 天，冷冻的话 2 周都没问题。有句话说得好：“时令食物最补人。”说的就是时令食物当中的营养成分是非常丰富的。如果有宝宝月龄大小能吃的时令食材的话，一定要好好利用这些食材给宝宝做辅食哦。

大米

米粒完整、大小均匀、颗粒饱满、晶莹剔透、干净无粉末，这种大米最好。另外，即使同样都是当年产出的新米，也要挑选日期更新鲜一点的。大米应放在阳光照射不到的通风处保存。

❶ 用清水将大米洗 3~4 遍。

❷ 将大米用水浸泡 20 分钟，放到带网眼的小篮子里沥干水分。用石臼捣细备用。

❸ 剩下的米晾干之后放进带封口的保鲜袋里，放入冰箱冷冻室。

牛肉

颜色鲜艳、肉质紧实的是好牛肉。做高汤的话，牛腩是首选，而做辅食就该选择含铁量较高的里脊了。辅食用的牛肉最好选用脂肪比较少的。

❶ 将牛肉在冷水中浸泡 20 分钟左右，洗去血水。

❷ 将牛肉入沸水煮 3~5 分钟，焯透以后，捞出来晾凉备用。

❸ 剩下的牛肉剁细，放进带封口的保鲜袋里，放入冰箱冷冻室。

鸡肉

新鲜的鸡肉应该略呈粉红色，皮则是明亮的奶油色。最好选用无抗生素、油脂含量低的里脊或者鸡胸肉。鸡肉的肉质较软，冷藏会降低其口感。需要保存 1 周以上时，先焯水再冷冻。

❶ 去掉鸡皮，把筋和鸡油清理干净。

❷ 入沸水焯 3~5 分钟，之后捞出放凉。

❸ 剩下的鸡肉剁细，放进带封口的保鲜袋里，放入冰箱冷冻室。

鱼

最好选择油脂量少的白色肉鱼，尽量买本地出产的鲜鱼。此外，鳕鱼、带鱼、鲽鱼 、鲷鱼、黄花鱼的营养都很丰富。

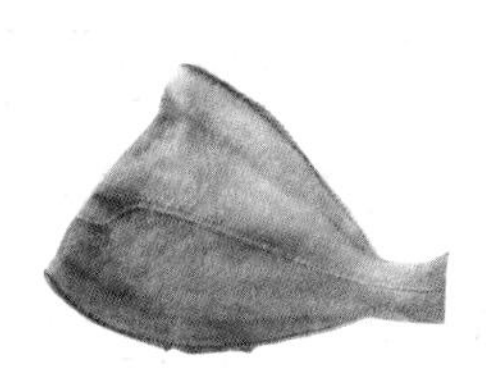

❶ 将鱼鳞刮干净，除去内脏，在流水下把鱼洗干净。

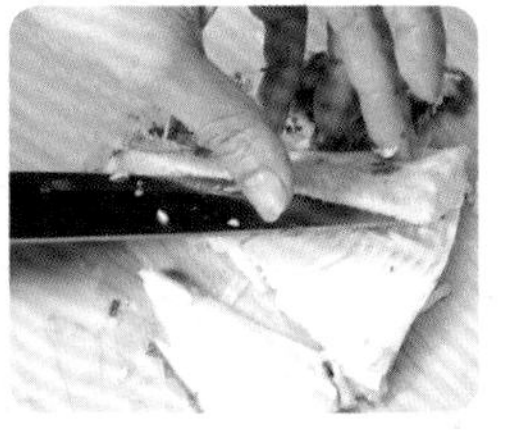

❷ 把鱼剁成合适的大小，在蒸器里蒸熟，挑出鱼骨和鱼刺。

❸ 剩下的鱼肉剁细，放进带封口的保鲜袋里，放入冰箱冷冻室。

胡萝卜

颜色均匀、表面光滑有光泽的胡萝卜比较好。存放时可以带着土用报纸包好，放到阳光照射不到的地方即可。

❶ 将胡萝卜在水中搓洗干净，用刮皮器去皮后再洗一遍。

❷ 把胡萝卜切成合适的大小，在水中焯好后备用。

❸ 剩下的胡萝卜剁细，放进带封口的保鲜袋里，放入冰箱冷冻室。

土豆

应该选择那种皮薄、捏起来比较硬实、表面光滑、形状规整的土豆。不要买那种芽眼较深、表皮带绿色的土豆。可将土豆装到篮子里，放置在通风的地方存放。

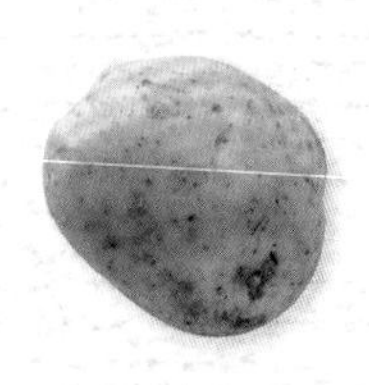

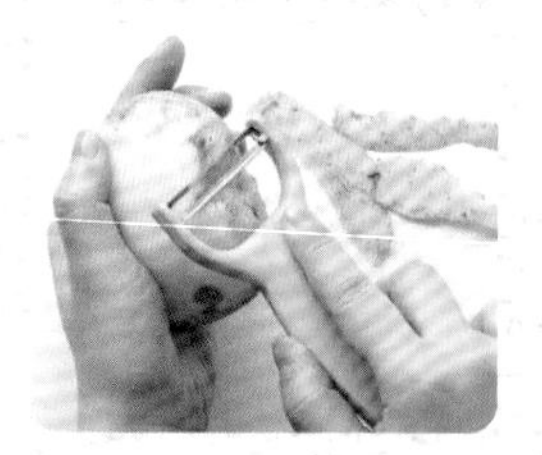

❶ 将土豆放在水中搓洗干净，用刮皮器去皮，之后再洗一次。注意芽眼要剜干净。

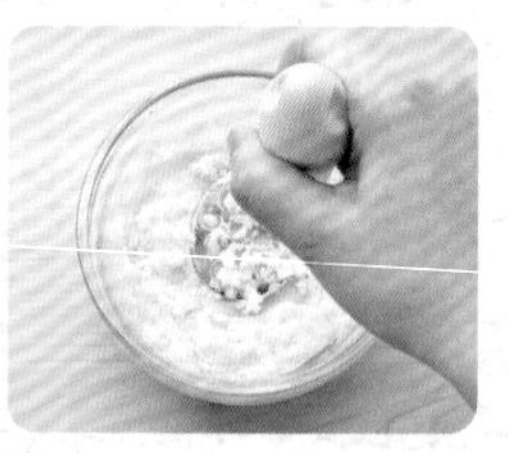

❷ 在蒸器里蒸 10 分钟以上，之后用捣碎器压成泥。

❸ 剩下的土豆放进带封口的保鲜袋里，放入冰箱冷冻室。

红薯

要挑选那种表面光滑、没有疤痕、摸起来较硬的。红薯不经冻，可以用报纸将其包起来，放到阳光照射不到的阴凉处存放。

❶ 将红薯放在水中搓洗干净，之后用刮皮器去皮，然后再洗一遍。

❷ 在蒸器里蒸 10 分钟以上，然后用捣碎器压成泥。

❸ 剩下的红薯放进带封口的保鲜袋里，放入冰箱冷冻室。

卷心菜

拿在手里感觉沉甸甸的、包裹紧实的就是好卷心菜。挑卷心菜的时候要挑那种绿叶子比较多的，回来后再把外面的叶子择掉。有些卷心菜是切开卖的，这时就要挑选那种心不是弯弯曲曲的，而是看起来相对比较整齐的。

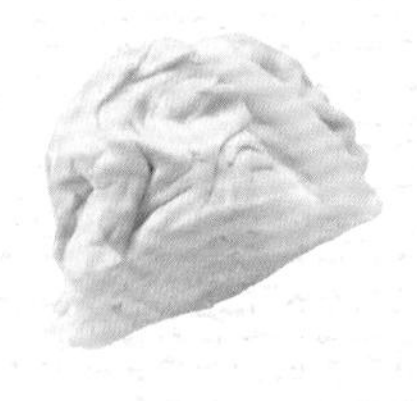

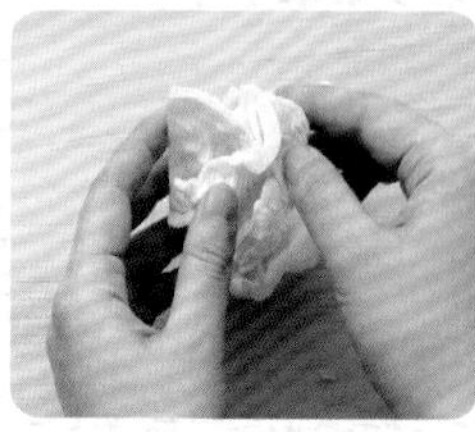

❶ 把外层不新鲜的叶子择掉，再把里面的叶子一片一片地择下来，洗净。

❷ 将卷心菜用沸水焯一下后用刀切好。

❸ 剩下的卷心菜沥干水，装入带封口的保鲜袋，放入冰箱冷冻室。

南瓜（绿皮）

要挑选那种表皮呈均匀的深绿色、坚硬紧实的南瓜；同样大小的南瓜，越重的越好。需要长期保存时，可带皮蒸熟后进行冷冻。

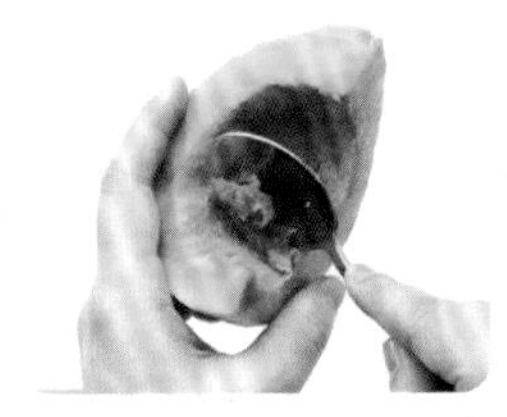

❶ 把南瓜切成合适的大小，除去瓜瓤。

❷ 在蒸器里蒸 10 分钟以上，然后用捣碎器压成泥。

❸ 剩下的南瓜放进带封口的保鲜袋里，放入冰箱冷冻室。

白萝卜

颜色发白、表面光滑、笔挺坚实、根须不多的白萝卜比较好。可将白萝卜用报纸卷起来后放到通风的地方保存。

❶ 把白萝卜放在水中搓洗干净，用刮皮器去皮，然后再洗一遍。

❷ 用沸水焯一下后，用刀切细备用。

❸ 剩下的白萝卜切成薄块，放进带封口的保鲜袋里，放入冰箱冷冻室。

西葫芦

瓜体周正、表面有光泽的淡绿色的西葫芦为上等。其中，细长的比短粗的好，浅绿色的比深绿色的味道甜，口感更好。

❶ 把西葫芦放在水中搓洗干净。

❷ 用沸水焯一下后，用刀切细备用。

❸ 剩下的西葫芦切碎，放进带封口的保鲜袋里，放入冰箱冷冻室。

西蓝花

应挑选那种颜色为深绿色、手感硬实、比较饱满的。普通西蓝花可能会有一定的农药残留，所以应尽量选用有机西蓝花。如果要长时间保存，可用热水焯一下后放入冰箱冷冻室。

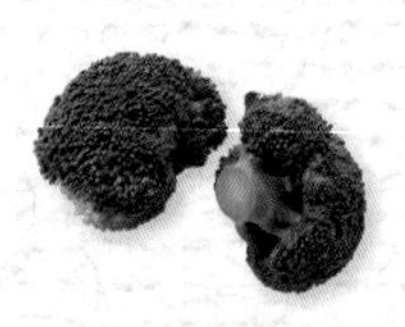

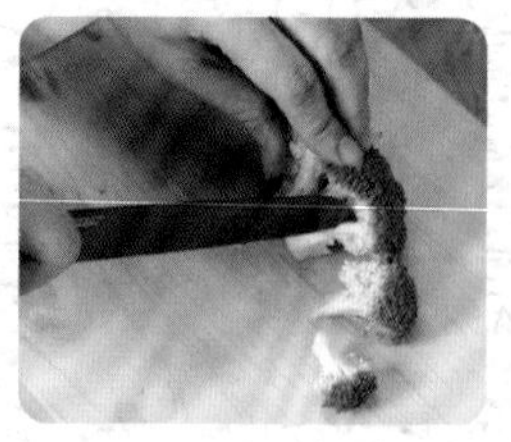

❶ 在流水下将西蓝花冲洗干净，将中间的粗茎切掉，将刀尖伸进朵缝，切成小朵。

❷ 将西蓝花入沸水焯一下，捞出后马上在清水中过一遍，之后将水分沥干。

❸ 剩下的西蓝花切细后，装入带封口的保鲜袋，放入冰箱冷冻室。

菠菜

颜色呈深绿色、叶片较宽的菠菜比较好。长度较短、颜色泛红的菠菜味道偏甜。用报纸包好，再用喷雾器喷上一点水，放入冰箱保鲜，或轻轻焯一下水，除去其中的水分后放入冰箱冷冻室。

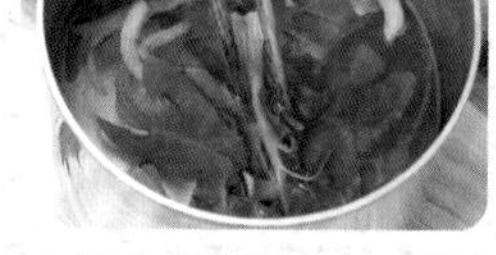

❶ 将菠菜放在流水下冲洗干净，在水中焯一下。

❷ 焯好后马上用清水过一遍，然后放到滤网上沥干水分。

❸ 剩下的菠菜切细后，放入带封口的保鲜袋，然后放入冰箱的冷冻室。

洋葱

干燥有光泽、手感硬实、掂在手里较沉的洋葱比较好。存放时可装入网兜后放在阴凉通风的地方。

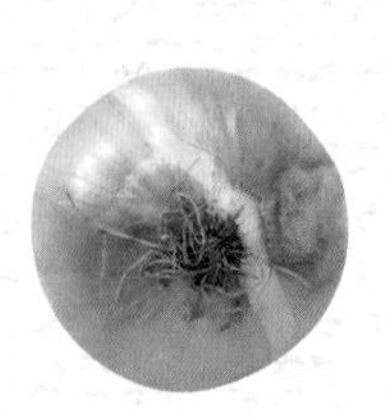

❶ 将洋葱剥去表皮之后洗干净。

❷ 在冷水中浸泡一小会，除去辣味。

❸ 剩下的洋葱切细后，装进带封口的保鲜袋中，放入冰箱的冷冻室。

豆腐

豆腐是用黄豆和卤水做出来的，因此使用什么样的黄豆会直接影响豆腐的质量。最好选择用国产大豆和卤水制成的豆腐。

❶ 将豆腐用热水焯一下，以除去卤水。

❷ 切成小块之后用捣碎器压成泥。

❸ 剩下的豆腐浸在水中，装入密封的容器中，放入冰箱的冷冻室。

大麦茶

宝宝出生6个月以后就可以喂给他(她)喝。大麦茶含有大量的电解质，宝宝拉肚子或者呕吐的时候喝一点，可以预防虚脱。最好选择有机大麦茶，适量喂宝宝喝。

鸡蛋

鸡蛋中可能有沙门菌，因此应在流水下将鸡蛋冲洗干净。表皮未沾异物、粗糙、偏沉的鸡蛋是好鸡蛋。应尽量选择不含抗生素、生产日期距离现在最近的新鲜鸡蛋。

水果类

为了防止腐烂，进口水果往往使用大量的保鲜剂，所以尽可能地选用国产水果。

蘑菇类

蘑菇类应用水洗净、沥干。香菇和口蘑需要切掉中间的茎，杏鲍菇只需去掉根部。

豆芽

挑选豆芽时应该挑选那种芽身挺直、根须不多、芽脚不软的豆芽。最好选购本地出产的豆芽，无须清洗，可直接放入冰箱的冷藏室保存。

西红柿

在热水中焯一下，去皮。除去籽后再行操作。

小银鱼

在水里浸泡30秒以上，泡去咸味后操作。

黄豆

在水中泡3小时以上再操作。

辅食基本烹调方法

辅食是宝宝第一次真正意义上接触到的食物，因此一定要方便食用、容易消化。在初期的辅食制作过程中，所有的食材都要用礤菜板擦细，或切碎后在滤网上过滤一遍，最后把较粗的部分弄细，中期和后期也一样。基本上所有的食材都需经过加热，然后剁碎，或者切成合适的大小。

压成泥

这是辅食初期和中期的主要做法。蒸熟的南瓜、红薯、土豆、香蕉等都可以用捣碎器压成泥；肉类和叶菜类蔬菜焯水后用石臼捣细。

切细

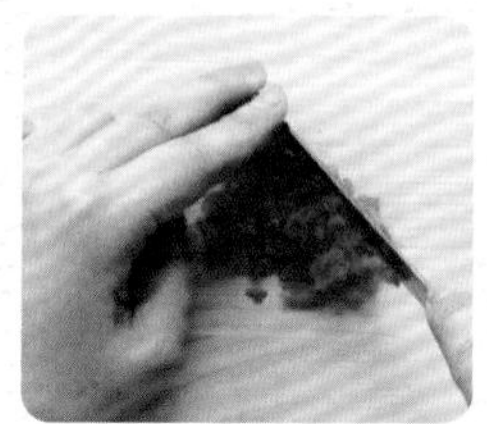

把处理好的食材切成厚薄合适的丝，之后把切丝规整起来，再度切碎。把切碎的食材归拢，一只手固定好刀头，另一只手活动刀身，可以把食材切到最细。

磨细

搅拌机的刀具会破坏食材的营养成分，因此初期辅食最好用臼棒研磨。

煮时搅拌

为防止食物粘锅，用硅胶勺子不停地搅拌。烧开后，转小火继续加热，将食物加工为合适的浓度。

蒸熟

南瓜、红薯、土豆等可以在蒸器中蒸熟，也可以在带盖的小锅中放上三脚架后，添入水，水不要没过三脚架，然后蒸 10 分钟。把食物装进耐热容器，包上保鲜膜，在微波炉中加热，也可以很快把食物蒸熟。

焯蔬菜

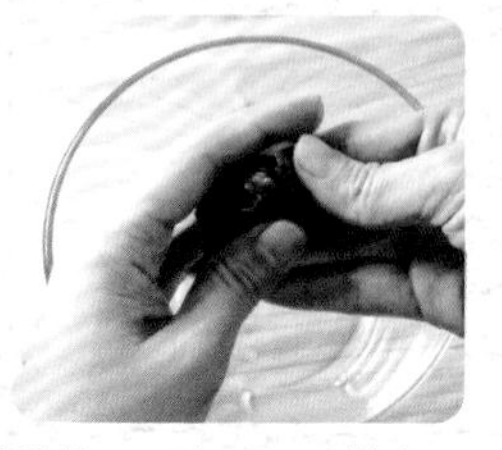

将蔬菜放入沸腾的水中，稍微焯一下之后迅速捞出，以减少营养成分的流失。菠菜或塔菜等叶类蔬菜，放的时候要先放茎。焯好后马上捞出，用清水过一遍后挤出里面的水分。掰成小朵的西蓝花焯 2~3 分钟比较合适。

焯肉

把牛肉或猪肉切成 3 cm 左右的小块，放入开水中焯 3~5 分钟，焯好后捞出，放凉后备用。

时令食材

时令食材营养丰富、味道鲜美。因此，请尽可能地使用时令食材。

1月	西蓝花、牛蒡、沙参、花菜
	柑橘、草莓
	明太鱼、鲷鱼、鲅鱼、鲱鱼、蛤蜊、泥蚶、淡菜、海青菜、梭子蟹、章鱼、鲜海带、巴非蛤、黄花鱼
2月	西蓝花、牛蒡、沙参、花菜
	柑橘、草莓
	鲅鱼、鲷鱼、淡菜、章鱼、鲜海带、海带、海青菜、蛤蜊、鲍鱼、梭子蟹、鲱鱼、泥蚶、巴非蛤、黄花鱼
3月	西蓝花、小根蒜、艾蒿、荠菜、沙参、牛蒡、西葫芦、卷心菜、韭菜、紫甘蓝、香菇、莲藕、花菜
	柑橘、草莓
	鲷鱼、章鱼、蛤蜊、文蛤、海螺、梭子蟹、鹿尾菜、小银鱼、泥蚶、海胆
4月	春白菜、沙参、艾蒿、小根蒜、荠菜、东风菜、楤木芽、西葫芦、卷心菜、黄瓜、紫甘蓝、香菇、豌豆、茄子、韭菜、莲藕
	草莓
	金枪鱼、章鱼、蛤蜊、海螺、小银鱼、鹿尾菜、江珧、海胆、鲷鱼
5月	卷心菜、豌豆、大蒜、桔梗、西葫芦、香菇、茄子、莲藕、彩椒、黄瓜、紫甘蓝、韭菜
	草莓、梅子、大枣
	金枪鱼、鳗鱼、小银鱼、鲽鱼、章鱼、海螺、江珧、螺蛳、鹿尾菜、鲳鱼、海胆、鲷鱼
6月	油菜、土豆、黄瓜、韭菜、萝卜苗、蒜薹、西葫芦、卷心菜、紫甘蓝、香菇、豌豆、茄子、莲藕、彩椒
	甜瓜、覆盆子、梅子、杏子、大枣
	金枪鱼、鲥鱼、鳗鱼、鲳鱼、黄花鱼、鲅鱼、海螺、螺蛳、小银鱼、鲈鱼、海胆、鲷鱼

四季：塔菜、黄豆芽、绿豆芽、杏鲍菇、口蘑、平菇、蕨菜、竹笋、生菜、芹菜、芝麻叶、南瓜（绿皮）、鳕鱼、裙带菜、紫菜、金枪鱼

7月	球生菜、南瓜（绿皮）、韭菜、茄子、青椒、土豆、玉米、桔梗、萝卜苗、西红柿、油菜、黄瓜、菠菜、洋葱、秋葵、甜菜、莲藕、彩椒、红薯叶、香菇
	西瓜、李子、覆盆子、甜瓜、蓝莓、桃子、大枣
	鲈鱼、带鱼、鲥鱼、鲍鱼、乌贼、小银鱼、海带、巴非蛤、鲳鱼、鱿鱼
8月	萝卜苗、土豆、玉米、红薯、桔梗、西红柿、西葫芦、油菜、菠菜、洋葱、茄子、韭菜、香菇、秋葵、莲藕
	葡萄、蓝莓、西瓜、覆盆子、桃子、李子、甜瓜、网纹瓜、大枣、松子
	带鱼、鲥鱼、鲍鱼、文蛤、海胆、小银鱼、海带
9月	胡萝卜、白果、香菇、土豆、红薯、玉米、短果茴芹、芋头、西红柿、西葫芦、菠菜、洋葱、韭菜、莲藕、大葱、秋葵
	橘子、石榴、梨、蓝莓、葡萄、栗子、大枣、松子
	鲭鱼、鲽鱼、带鱼、三文鱼、虾、螃蟹、牡蛎、鲍鱼、小银鱼、海带
10月	白萝卜、大葱、老南瓜、松蘑、白果、红豆、红薯、胡萝卜、西蓝花、土豆、南瓜（绿皮）、西葫芦、菠菜、黑芝麻、莲藕、花菜
	苹果、橘子、石榴、梨、柿子、木瓜、五味子、栗子、大枣、松子
	鲽鱼、带鱼、秋刀鱼、鲭鱼、三文鱼、鲅鱼、梭子蟹、淡菜、牡蛎、鲍鱼、虾、小银鱼、海参
11月	白菜、白萝卜、老南瓜、西蓝花、胡萝卜、牛蒡、莲藕、白果、大葱、花菜
	柚子、梨、橘子、石榴、苹果、猕猴桃、栗子、松子
	鲅鱼、鲽鱼、鲷鱼、鲭鱼、秋刀鱼、马头鱼、海参、泥蚶、扇贝、淡菜、对虾、牡蛎、梭子蟹、小银鱼、虾
12月	西蓝花、花菜、白萝卜、白菜、老南瓜、大葱
	柚子、柑橘、橘子、石榴、苹果、栗子、松子
	鲽鱼、鲅鱼、明太鱼、鲷鱼、淡菜、牡蛎、虾、扇贝、泥蚶、海青菜、梭子蟹

需注意的食材

假如宝宝有过敏性皮炎或者家族中有过敏史，那在选择食材时就应格外注意。引发每个孩子过敏的食物都可能不一样，因此最好把孩子平时所吃辅食一一记录下来。在接触到一种新的食物后，如果发现宝宝身上出现红点或疹子，并伴有呕吐、腹泻、呼吸困难等症状，应立即停止喂食，并及时就医。

鸡蛋 蛋清比蛋黄含有更多的蛋白质，引起过敏的可能性也更高。蛋黄可在中期辅食加入，而蛋清则应在宝宝满周岁以后再喂食。

蓝背海鱼 鲭鱼、秋刀鱼等蓝背海鱼含有丰富的DHA，对脑部发育有极大帮助，但是也容易引发过敏。宝宝周岁之后可以吃，但是注意要把鱼皮去除干净。

豆子 富含蛋白质和脂肪，但是有可能会引发过敏。因此喂食的话要注意留意宝宝的反应。

水果 苹果和梨在辅食喂食的初期就可以使用，但是桃子、草莓、猕猴桃、菠萝等有可能引发过敏的水果最好等到宝宝满周岁以后再喂食。

猪肉 比牛肉或鸡肉更容易引发过敏，应在后期辅食开始慢慢添加到宝宝食物中去。注意要除去里面的脂肪，把猪肉完全做熟之后再给宝宝喂食。

坚果类 富含有利于大脑发育的矿物质，但也比较容易引发过敏。尤其是花生引发的过敏现象较为常见。如果不放心，可以等到宝宝满两周岁再吃。

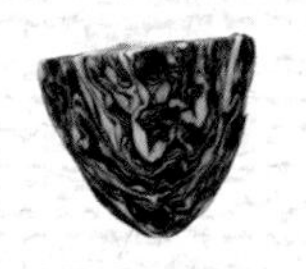

黄瓜、胡萝卜、紫甘蓝 偶尔会引发过敏。初期辅食的后半段开始添加较好。

面粉 中期辅食便可以加入面粉，但最好避开面类食物。可以选用发酵面包。

虾、蟹 甲壳类海鲜容易引发过敏。可以给宝宝少量喂食之后，关注宝宝状况。

牛奶 容易过敏的宝宝要注意牛奶及一切含有奶源成分的加工食品。

如何购买乳制品

奶酪

奶酪分为天然奶酪和加工奶酪两种。儿童奶酪中的切片奶酪大部分为加工奶酪，所以也会含有食品添加剂。因此，应尽量选择含有天然奶酪较多或加入黄油制作且钠和反式脂肪酸含量较低的奶酪。宝宝出生 6 个月后便可以进行喂食，周岁之前一天最多可以喂 1/2 块。

酸奶

酸奶是在牛奶当中加入乳酸菌后发酵制成的，因此含钙量较高。即使产品上标注了“无糖”“无添加”，也可能会含有糖类或合成香精、人造甜味剂等成分，因此买之前一定要认真检查产品成分，然后选择糖含量较低的产品。

牛奶

牛奶含有丰富的钙，吸收率高，是一种很好的补钙食品。如果宝宝不能很好地分解乳糖，可以买无乳糖牛奶——将乳糖进行了较好的分解，更易于人体吸收。根据所使用的杀菌方法的不同，牛奶有不同的口味，可选择宝宝比较喜欢的口味。

豆奶

部分宝宝有乳糖不耐受（由于乳糖酶的缺乏导致乳糖不能被人体消化吸收）症状，此时，妈妈们可考虑用豆奶替代牛奶。买之前一定要看好作为豆奶主要原料的大豆的原产地，最好选择国产大豆制成的豆奶。此外，要注意选择那种钙含量高而糖含量低的豆奶制品。

“我费了那么多心思做出来的食物，宝宝一口都不吃！”

“不要着急。等宝宝适应了新的食物，慢慢对吃东西感兴趣了，就会爱吃的。”

不同食材的简易计量方法

因为辅食中用到的食材的量一般都很少，所以最好利用计量工具。没有测量勺也可以用饭勺，没有量杯也可以用纸杯或奶瓶代替测量（一纸杯≈200 mL）。

计量的时候都是以下锅前的食材重量为基准的。即大米应该是泡好的大米；蔬菜或者肉类则应为焯好并切碎后的重量。

一大勺≈15 g

成人饭勺满满一勺。

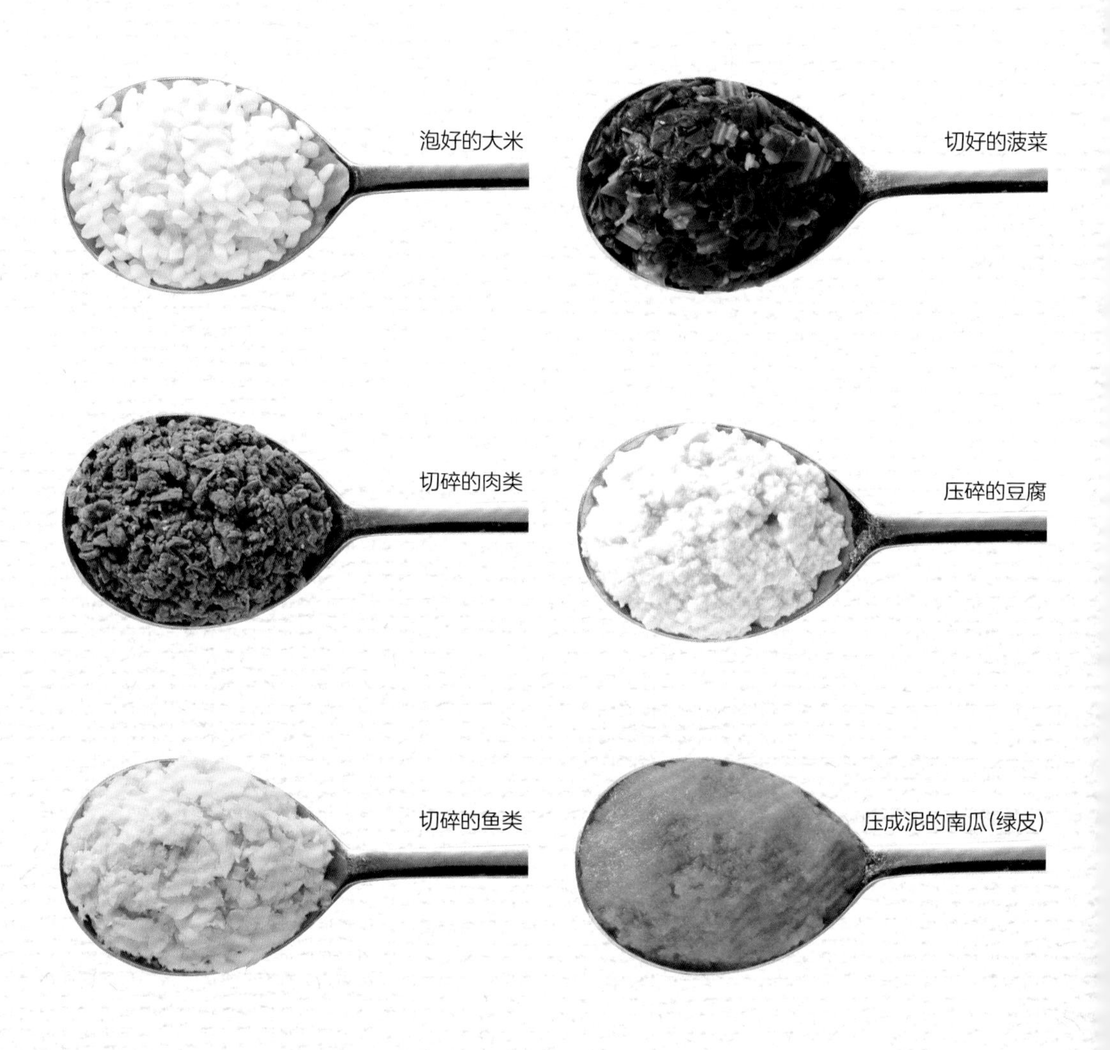

一小勺≈5 g

成人饭勺的 3/4，满满一茶匙。

一茶匙≈5 g

纸杯 1 杯≈ 200 mL

若没有量杯，

可以用奶瓶或纸杯代替。

美味高汤的简单制作方法

从中期辅食开始，就该试试做高汤了。高汤不但可以补充营养，那种特殊的香味绝对会让宝宝一下就喜欢上。先做好足量的高汤，然后可以放在制冰格或者带封口的保鲜袋里，需要的时候随时拿出来用。

海带高汤（满 6 个月以后）

材料 海带 2 张（5 cm × 5 cm），水 4 杯

做法

❶ 用干净的布将海带表面擦干净。
❷ 锅中加入适量的温水，放入海带，泡 20 分钟。
❸ 大火烧开后，撇去浮沫，中火煮 2 分钟。
❹ 捞出海带，把汤放凉。
❺ 把凉透以后的汤倒入制冰格，放进冰箱的冷冻室冷冻保存。

牛肉高汤（满 6 个月以后）

材料 牛腩 100 g，水 4 杯

做法

❶ 把附着在牛肉上的油脂除去，然后将牛肉放在清水中浸泡 20 分钟，泡出血水后洗净，沥干。
❷ 锅中加入适量的水，放入牛肉，大火烧开。
❸ 水开之后，转中火，撇净浮沫，煮 5 分钟。
❹ 捞出牛肉，用纱布把汤过滤一遍。
❺ 汤放凉之后，倒入制冰格，最后放到冰箱的冷冻室冷冻保存。

蔬菜高汤（满 6 个月以后）

材料 洋葱 1/4 个，白萝卜 20 g，大葱 1/2 根，胡萝卜 20 g，水 4 杯

做法

❶ 把洋葱、白萝卜、大葱、胡萝卜去皮后洗干净。
❷ 锅中加入适量的水，放入洗好的蔬菜，大火烧开。
❸ 水开之后转中火，撇净浮沫，再煮 5 分钟。
❹ 捞出蔬菜，用纱布把汤过滤一遍。
❺ 汤放凉之后倒入制冰格，放入冰箱冷冻保存。

鸡肉高汤（满 6 个月以后）

材料 鸡胸肉 100 g，水 4 杯

做法

❶ 把鸡肉上附着的油脂和筋去除干净，然后在流水下冲洗干净。
❷ 小锅中倒入适量的水，放入鸡肉，大火烧开。
❸ 水开后转中火，撇净浮沫，再煮 5 分钟。
❹ 捞出鸡肉后，用纱布把肉汤过滤一遍。
❺ 汤放凉之后倒入制冰格，然后放入冰箱冷冻保存。

虾高汤（满 10 个月以后）

材料 虾米 20 g，水 4 杯

做法

❶ 拣出虾米中的碎屑，把虾米放到筛子上，在流水下冲洗干净。
❷ 锅中倒入适量的水，放入虾米，泡 10 分钟。
❸ 大火烧开后，撇净浮沫，中火再煮 2 分钟。
❹ 捞出虾米，用纱布把汤过滤一遍。
❺ 汤放凉之后倒入制冰格，然后放进冰箱冷冻室保存。

小银鱼高汤（满 13 个月以后）

材料 小银鱼 8~10 只，水 5 杯

做法

❶ 掐去小银鱼的头，除去内脏，在平底锅里干炒一下。
❷ 小锅里添入适量的水，放入小银鱼，大火烧开。
❸ 捞出小银鱼，用纱布把汤过滤一遍。
❹ 汤放凉后倒入制冰格，放进冰箱冷冻室保存。

让妈妈变轻松的辅食制作小窍门

辅食的量虽不多，制作起来却非常费时间，因此每天都做的话并不容易。尤其是上班族妈妈，或者家中还有大孩子的妈妈，时间上可能会有点紧张。如果大家学会了冷冻保存法、解冻法、微波炉使用法等方法，忙碌的妈妈们便可以在制作辅食的时候省不少劲啦。

1 减少加热时间

仅仅是缩短煮和焯的时间，就能大大降低制作辅食的复杂程度。给食材焯水的时候，可以把食材切成 1 cm 左右的大小，然后再煮，就可以大大缩短所需的时间。如果用微波炉，1~2 分钟就可以做好。

2 使用一些方便的器具

用刀把所需的食材一一剁碎，这对于新手妈妈来说可能并不是一件简单的事情。但如果多多利用市面上出售的一些捣碎器产品，就可以大大减少剁东西的难度了。

3 从大人的食材当中分盛出一些来

从大人的食材中分出一部分用来制作宝宝的辅食，这样就可以减少切或煮的烦琐。不过要记住，一定要在加调料之前就分好哦。

4 使用冰箱的冷冻室

每周两次将三天食用量的辅食一次做好，晾凉后放入密封容器内，在冰箱里冷冻保存。需要的时候拿出来放到微波炉里解冻一下，拿出后味道跟刚做的一样。

5 把食材收拾好以后冷冻保存

买好新鲜的食材，根据食材的不同用途把它们收拾好，之后冷冻，需要的时候拿出来解冻后使用。这样可以节省不少时间。所有的食材最好在 1 个月内食用完，而且解冻过一次的食材，不可以再冷冻。

6 提前做好高汤，然后冻起来

一点点地熬高汤比较麻烦，可以一次做好，需要的时候拿出来用，这样就方便多了。倒入制冰格后冷冻起来，每次拿 1~2 格出来用。

7 使用天然调料

在大型超市可以买到现磨的虾、香菇、小银鱼等天然调料。如果没有时间做高汤，可以使用天然调料，做出来的食物一样美味。

微波炉的使用方法

如果时间不够，就要充分利用微波炉。很多人会觉得微波炉会破坏食物中的维生素和其他营养成分，其实用水煮的方式，营养损失得会更多。此外，微波炉可以在很短的时间内完成从解冻到烹饪，这一点非常方便。

① 盖上盖子

使用微波炉加工食物的时候，在食材表面淋上水后，要盖上盖子，或包上一层保鲜膜，这样能阻止水分的流失，食材才能保持最佳口感。

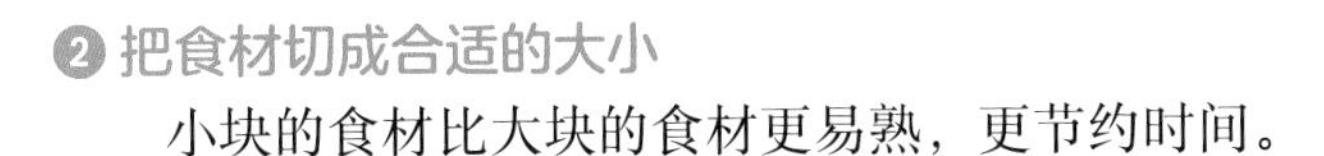

② 把食材切成合适的大小

小块的食材比大块的食材更易熟，更节约时间。

③ 确认好不同食物所需的时间

一定要使用微波炉加热专用的器皿，根据不同食材及不同量的所需时间来操作。

- **土豆、红薯、南瓜（绿皮）（30 g 为基准）**：洗净后带着水装入耐高温的碗内，加热 1 分钟左右。
- **西蓝花（30 g 为基准）**：择成一小朵一小朵的，洗净后带着水装入耐高温的碗内，加热 1 分钟左右。
- **菠菜（30 g 为基准）**：把叶子一片一片撕下来洗净，把茎和叶夹杂在一起，加热 10 秒左右。然后在清水中洗一下。
- **肉类（30 g 为基准）**：装入耐高温的碗内，加热 40 秒左右。
- **肉类解冻（100 g 为基准）**：装入耐高温的碗内，开启解冻模式，时间设置为 1 分钟左右。

冷冻保存法

辅食制作中经常会用到的高汤或者食材，都可以提前准备好，然后冷冻保存，需要的时候再从冰箱里拿出来用，这样可以极大地缩短辅食制作时间。

❶ 冷冻的食物一定要新鲜

只有食材新鲜，解冻后才能留住食材的新鲜味道。

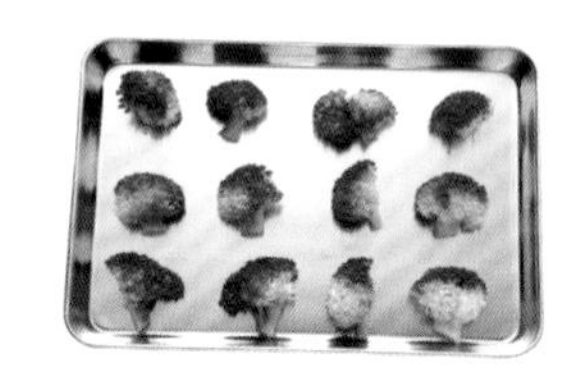

❷ 除去水分，快速冷冻

最大限度地除去食物中的水分，然后把食物弄成小块，迅速冷冻。如果冷冻速度较为缓慢的话，食材的口感就会下降。

- **使用金属托盘**：铝盘的传导性较快，可以快速冷冻。
- **将食物切成薄片或分成小份**：冷冻的时候是从外到内，因此最好把食物切成薄片或分成小份。每一小份为日后一次要用到的量，然后冷冻。
- **中间隔开距离**：处理得比较小块的食材，堆在一起冷冻，需要的时间自然很长。如果在铝盘上把它们一一隔开点距离，或者单独包装起来冷冻，就会大大缩短冷冻所需的时间。

❸ 用保鲜膜包好后，装入冷冻用的带封口的保鲜袋

保鲜膜上有细小的微孔，因此如果只用保鲜膜包的话，食材的水分会蒸发掉，而且也容易混味。用保鲜膜包好后，装入冷冻用的封口保鲜袋迅速冷冻，便可以阻止水分的蒸发。

❹ 隔绝与空气的接触

食材与空气接触便会发生氧化，一定要使用有密封效果的冷冻保鲜袋或密封容器。挤出里面的空气后存放起来。

- 从袋子的底部开始向封口的方向挤出里面的空气。
- 像卷紫菜卷一样将袋子卷起来，挤出里面的空气。

❺ 冷冻之前，分出每一次要用的量

化过一次冻的食物就不可以再进行冷冻了。所以冷冻之前，最好把日后每一次要用到的食物的量分好。

- 如果是用带封口的保鲜袋装食物，可以用筷子按下去，划分好每次要用到的食物的量。以后解冻的时候，可以拿出 1~2 个来使用，非常方便。
- 高汤可以放入制冰格或者母乳储藏袋，需要的时候可以一个一个地拿出来用。
- 经常用到的蔬菜类也可以放入制冰格，需要的时候一个一个地拿出来用，非常方便。

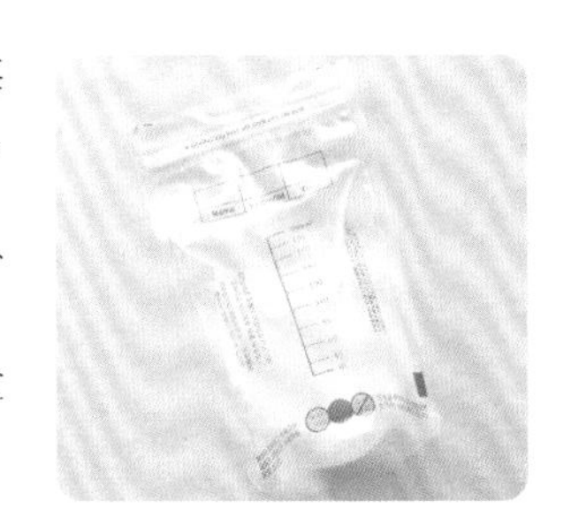

⑥ 记录好冷冻的日期和食物名称

不同食材的冷冻期限也不同，因此冷冻时一定要写清楚当时的日期，还有食物的名称。考虑到食材的新鲜程度和安全性，家庭冷冻的食物最好在 1 个月之内吃完。

· 不同食物的最长冷冻期限

食物	期限
· 剁碎的牛肉	1 个月
· 焯过的鸡肉	1 个月
· 白色的鱼肉	2 个月
· 蓝背海鱼	1 个月
· 焯水蔬菜	2 周 ~1 个月
· 面包或米饭	1 个月
· 汤	1 个月

解冻方法

即使把食材都处理好后再冷冻起来，如果不好好解冻，也无法恢复食材本来的味道。下面我们就来看一下各种食材的解冻方法。

① 生的食材可以在冷藏室自然解冻

生的肉类和鱼类食材最好放到冷藏室自然解冻。如果打算第二天早上制作辅食的话，最好前一天晚上睡觉前把冷冻食材放进冷藏室。

- 如果需要快速解冻，可以将带封口的保鲜袋在保持密封的状态下放到流动的水下进行解冻。

② 已经做好的辅食可以用微波炉进行解冻

冻好的辅食可以用微波炉解冻。时间不要定太久，先定 2 分钟，拿出来看一下化冻的程度，然后再定 1 分钟、30 秒，这样边确认化冻的程度边慢慢缩短时间，就可以快速均匀地解冻。

❸ 冷冻的蔬菜可以直接放到开水中解冻

之前已经处理好并焯过水的蔬菜，可以放到开水中解冻，这样可以保证蔬菜的口感。如果烫得太久，会把蔬菜烫蔫了。所以一化开冻就要马上把菜捞出来。

❹ 高汤可以直接用

辅食中用到的高汤量并不多，因此可以拿出来直接就用。先用小火，再转到中火烧开。

· 化过一次冻的食材重新冷冻会破坏里面的细胞，口感会下降；而且还可能会繁殖细菌。因此化过一次冻的食物如果吃不完就要扔掉。

❺ 大米在温水里浸泡一下

之前洗好并冷冻起来的米没有必要重新再洗，直接放到温水中浸泡一下就可以了。

轻松煮粥

不擅长做饭的妈妈遇到的第一个难题可能就是煮粥了。如果没有时间泡米和磨米，可以用熟米饭来做粥，只要手头有用来做粥的主要材料——白米饭就行，在白米饭中分别加入蔬菜或者鱼肉、肉类等佐菜，就可以轻松做出各种美味的辅食。

· 用白米饭做粥

材料

米饭 30 g，水 1/2 杯

做法

❶ 锅中倒入水，放上米饭并搅散。

❷ 大火烧开之后，转中火。

❸ 用饭勺轻轻把饭粒搅开，边搅动边煮 5 分钟。

· 用电饭煲做粥

市面上出售的电饭煲一般都带有煮粥的功能。如果没有时间，可以在电饭煲中加入适量的米和水、佐菜，然后做好两到三天的量，晾凉后冷冻，需要时可以拿出来解冻后食用。

第二章

4~6 个月早期辅食

“每天用勺子喂宝宝吃一次糊糊。”

宝宝之前都是吃母乳或奶粉，这个阶段开始第一次接触到其他食物。

先从稀的米糊开始，然后一种一种地加入捣碎的蔬菜，之后再加入绞碎的牛肉或者鸡肉等肉类。这个阶段的宝宝获取营养的主要来源还是母乳或者奶粉。

早期辅食与其说是给宝宝补充营养，倒不如说是让宝宝逐步适应食物的多样性。由于改变了宝宝从出生开始养成的饮食习惯，因此宝宝可能不会那么喜欢吃，但没必要因此而焦躁或沮丧。给宝宝一个熟悉各种食物味道的过程吧，这期间要留意宝宝是否出现过敏反应，以及对各类食物的消化情况。

早期辅食的注意点

早期辅食是辅食的准备阶段。主要营养还需要通过母乳或者奶粉来获取，此时的辅食只是让宝宝适应别的食物的味道。

☑满 4 个月

出生 4 个月后，或者体重增长为出生时的 2 倍，或体重已经达到 6 kg，妈妈就该考虑给宝宝添加辅食了。

☑会“馋”东西

看到大人吃饭，宝宝表现出兴趣，或小嘴一动一动地表现出想吃的样子。

☑一天 1 次

每天 1 次，在固定的时间（如上午 10~12 点）喂食。

☑选好时间

宝宝在太饿或者太饱的时候就不太爱吃母乳或奶粉外的东西。要把握好喂饭的时机。

☑从米糊开始

从米糊开始，逐步加入易消化的蔬菜，之后是牛肉糊、鸡肉糊。

☑观察宝宝的反应

食谱月历上所列出的食材，每一种都要给宝宝喂食至少 3 天，细心留意宝宝有无不良反应。月历上的食材都是从过敏刺激性较小的食材开始排列的。

☑婴儿湿疹

没有必要因为宝宝有湿疹或者母乳吃得很好就推迟给宝宝添加辅食。宝宝满 5 个月后，就应该添加辅食，并及时观察宝宝的反应。

早期辅食这么喂

- 用一侧胳膊抱住宝宝，另一只手拿小勺喂食。
- 开始时一天 1 次，每次 1 小勺。拿起小勺，靠近宝宝的嘴唇，一点一点地喂宝宝吃吧。如果宝宝没有将食物吐出来，而是乖乖吃下去了，那么头一天可以只喂 1 勺，之后每隔 3~4 天再加 1 勺。一天吃 30~60 g 就足够了。
- 给宝宝喂食的时候，最好将小勺放到宝宝舌头中间的位置。如果只是把勺子放到宝宝舌头的前端，宝宝很容易用舌头把食物顶出来。
- 手柄较长、勺子前端较窄的硅胶勺质地较软，不会伤害到宝宝的牙龈。

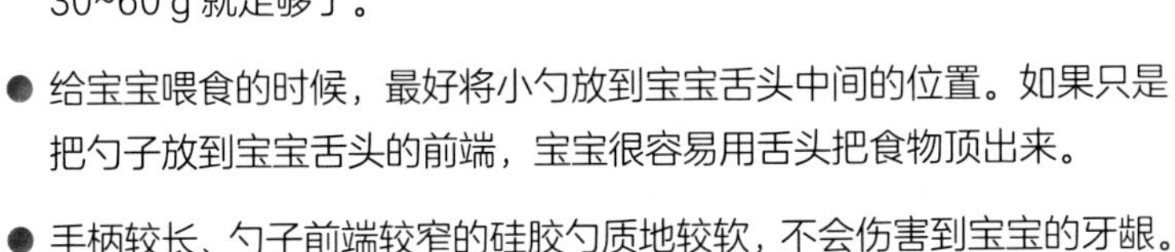

❶ 啊～啊～张开嘴

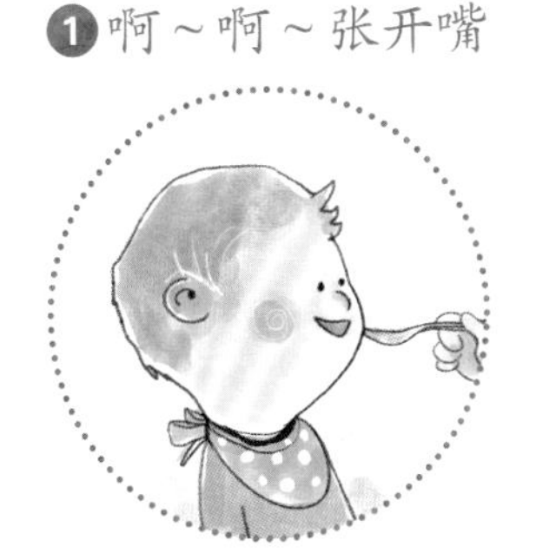

❷ 嚼呀嚼～

❸ 咕嘟一下～咽下去～

早期辅食一天量表(一天 1 次)

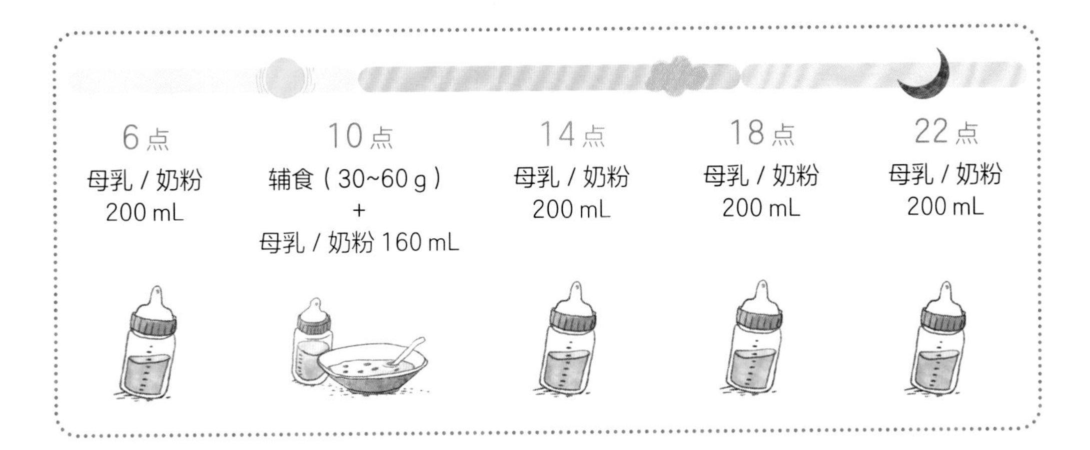

早期辅食食材介绍

从大米和糯米开始，逐渐添加过敏刺激性小的蔬菜类和水果类。如果宝宝皮肤出现湿疹或者有呕吐、腹泻的现象，则应停止喂食，等 2~3 天，再从米糊开始喂食。因为宝宝的消化能力还不成熟，所有辅食中用到的食材都要尽量切细、捣碎，最后煮开。

大米 应季 8~10 月
几乎不会引起任何过敏反应，是婴儿辅食制作的主要食材。最好选用无农药残留的有机大米。

糯米 应季 8~10 月
比较容易消化，不会给胃部带来负担。但如果食用过多可能会引起便秘。宝宝大便较稀的时候可以喂给宝宝吃。

红薯 应季 8~10 月
富含膳食纤维和维生素 C，对于预防便秘有很好的效果。辅食添加初期可以用蒸器蒸熟后压成泥来使用。

土豆 应季 6~10 月
含有丰富的碳水化合物、膳食纤维和矿物质。辅食添加初期可以用蒸器蒸熟后压成泥来使用。

南瓜（绿皮） 四季
含有丰富的膳食纤维和无机物。辅食添加初期可以用蒸器蒸熟后压成泥来使用。

西葫芦 应季 3~10 月
含有丰富的膳食纤维和维生素，极易消化吸收。辅食添加初期可以焯水、剁细后使用。

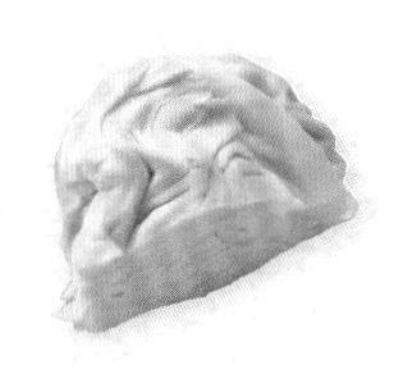

卷心菜 应季 3~6 月
富含维生素、钙和蛋白质，焯水后味甜，是较好的辅食食材。辅食添加初期可以焯水、剁细后使用。

白萝卜 应季 10~12 月
对消化十分有帮助，适合作为最开始的辅食制作食材。应季白萝卜富含各种维生素，味道偏甜。

“早期辅食的前期最好只用一种食材，从第二个月开始可以两种食材混合使用。后期可以使用味道较厚重、颜色比较深、膳食纤维含量高的蔬菜。”

西蓝花 应季 10 月 ~ 次年 3 月
西蓝花是一种能强化胃肠功能、提高机体免疫力的食材。把它切成小朵，熟制以后使用。

花菜 应季 10 月 ~ 次年 3 月
含有丰富的维生素 C，即使加热后，维生素流失也很少。花菜口感好，易消化。

油菜 应季 6~8 月
富含维生素 C 和无机质，有助于宝宝的骨骼发育。

塔菜 四季
除了维生素 A 以外，还含有丰富的铁和钙，特别适合于成长发育期的孩子。

苹果 应季 10~12 月
水果当中，有不少会引发过敏反应，因此需要引起妈妈的注意。但是苹果是最安全的一种水果。辅食添加初期，可以将苹果打成汁后使用。

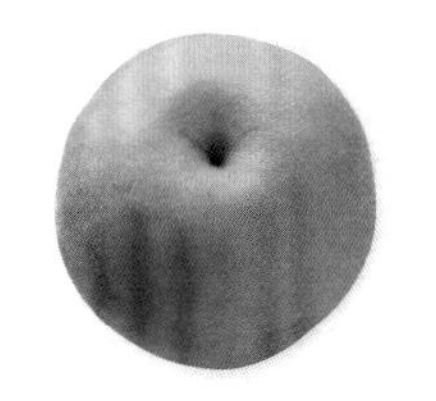

梨 应季 9~11 月
能帮助消化，减轻咳嗽的症状。和苹果一样，都适合在初期添加进辅食中来。可以打成汁后使用。

黄瓜 应季 4~7 月
钾和维生素含量较高。除去皮和瓤，打细后使用。

胡萝卜 应季 10 月 ~ 次年 3 月
含有丰富的维生素 A 和膳食纤维，有助于血液循环，有暖身的功效。

紫甘蓝 应季 3~6 月
含有丰富的膳食纤维，有预防便秘的功效。早期辅食的后期开始使用。

牛肉 四季
对成长期孩子的骨骼和肌肉发育都十分有好处。早期辅食的后期可以经常食用。

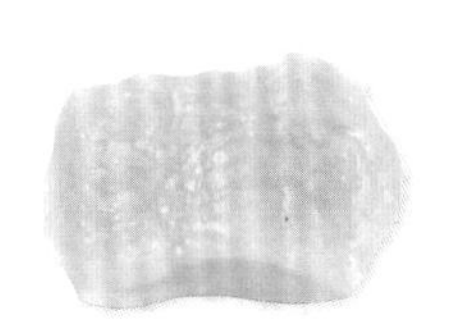

鸡肉 四季
蛋白质含量高于牛肉，属于高蛋白食物。早期辅食的后期可以经常食用。

如果觉得浸泡大米或糯米然后磨细的过程太过复杂，可以购买有机种植的大米粉或糯米粉。

奶酪：即使是婴儿奶酪，也应该尽可能地在宝宝 6 个月时再开始给宝宝吃，并且最好选择钠含量低的天然奶酪。

鸡蛋：在早期辅食的中期以后，给宝宝喂食少量蛋黄。

西红柿：有可能引发过敏，宝宝满周岁以后才能吃。

黄瓜、胡萝卜、紫甘蓝：偶尔会引发过敏反应，早期辅食的后期可以使用。

早期辅食料理指南

大米

在水中泡 30 分钟以上，用石臼捣成细细的米粉后备用。

块状蔬菜

红薯、胡萝卜、南瓜（绿皮）等可以在蒸器中蒸熟后用捣碎器压成泥备用。

肉类

牛肉或鸡肉可先切成小块，除去血水后，在水里焯 3~5 分钟。用刀剁一下，然后用石臼捣细。

水果

苹果或梨应在礤菜板上擦碎，挤出汁来使用。如果担心引起过敏，可以先入沸水焯一下再磨细使用。

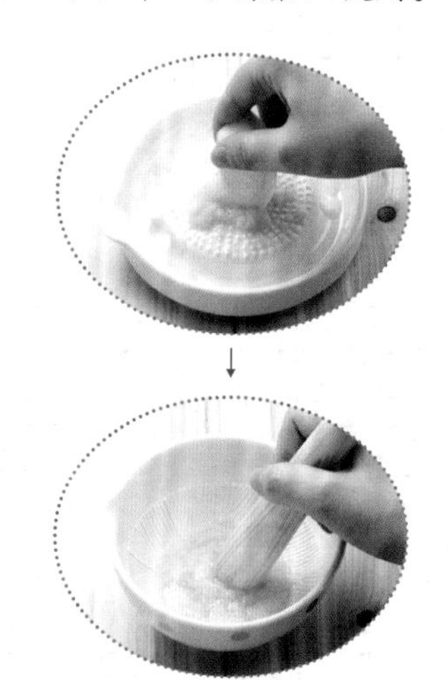

烹饪要点

最开始时可以给宝宝喂食用大米粉熬成的米油。初期辅食的前期可以制作米糊，制作米糊时所用水的量为泡好米的 13 倍。使用谷物或蔬菜制作的时候，放入 13 倍的水做出的糊糊也会像放入 10 倍水的那么浓稠。此时不需加任何调料。

妈妈们的辅食经验谈

都说吃母乳的孩子容易缺铁，所以我现在都是想办法在食物中添加含铁量高的糙米给宝宝吃。糙米的颗粒比较大，口感相对粗糙一些。早期可以把它磨成粉或做熟以后，在细箩上过一遍再喂给宝宝吃。可能是因为比白米饭更香一些，宝宝十分喜欢吃。冷冻过的食物拿出来在微波炉里打一遍味道就差多了，而且很容易凉。解冻后稍微加点水再加热一下，宝宝会更喜欢吃一些。

妍儿妈妈（宝宝 5 个月大）

早期辅食中，如果宝宝不爱吃东西，可以尝试把食物做得稍微稠一些。我周围的妈妈们也都很有共鸣。我是一位上班族妈妈，平时很少有时间给宝宝好好做辅食。所以休息的时候我会磨很多的蔬菜和米，然后放到制冰格里冷冻起来。平时，拿出两块冻好的蔬菜，放上泡好的米，只需再单独做一些牛肉高汤，然后把这些食材掺在一起煮就可以了。特别忙的时候，我会把三天分量的米和蔬菜一起放进去，煮熟后用手动搅拌器磨一下就做得更快了。

道莉妈妈（宝宝 6 个月大）

因为之前宝宝住过一次院，所以直到 5 个月的时候才开始接触辅食。都说那会儿该喂孩子吃点牛肉的，但是我一直比较犹豫。所以刚开始的时候只喂宝宝吃大米糊、土豆糊、蔬菜糊，满 6 个月的时候才小心翼翼地尝试了牛肉。上午我会喂宝宝吃一次蔬菜糊，每三天添加一种新的蔬菜；下午则喂宝宝吃牛肉糊。这样制订了食谱以后，我不像以前一样总担心宝宝贫血了。

厚儿妈妈（宝宝 6 个月大）

早期 4~5 个月龄的辅食食谱日历

喂食 1 次辅食（10 点 辅食 30~60 g + 母乳 / 奶粉 160 mL）

上午

周一	周二	周三	周四	周五	周六	周日
大米粉汤	大米粉汤	大米粉汤	大米粉汤	大米粉汤	大米粉汤	大米粉汤
大米糊 或 糯米糊	大米糊 或 糯米糊	大米糊 或 糯米糊	大米糊 或 红薯糊	大米糊 或 红薯糊	大米糊 或 红薯糊	西葫芦糊 或 南瓜(绿皮)糊
西葫芦糊 或 南瓜（绿皮）糊	西葫芦糊 或 南瓜（绿皮）糊	卷心菜糊 或 萝卜糊	卷心菜糊 或 萝卜糊	卷心菜糊 或 萝卜糊	西蓝花糊 或 花菜糊	西蓝花糊 或 花菜糊
西蓝花糊 或 花菜糊	塔菜糊 或 油菜糊	塔菜糊 或 油菜糊	塔菜糊 或 油菜糊	苹果糊 或 梨糊	苹果糊 或 梨糊	苹果糊 或 梨糊

此阶段为宝宝从母乳或奶粉向仅食用一种食材制作的单一辅食过渡的阶段。从米油到米糊，然后是碳水化合物含量较高的土豆或者红薯，再到容易消化的卷心菜、白萝卜，之后是西蓝花、塔菜等叶类蔬菜制成的辅食。如果书中给出了两种食材，那么应该首先选择应季蔬菜。而像苹果、梨这类比较甜的水果，最好尽量晚点给宝宝吃。如果辅食开始得比较晚，可以在宝宝适应了米油之后就开始添加牛肉糊。之后每三天可以添加一种新的蔬菜，这样来给宝宝一个适应的过程。此时一定不要忘记用牛肉高汤来给宝宝补铁哦。

大米粉汤

谷物粮食的粉末沉淀以后做成的粥，我们叫作汤。大米粉汤比米糊更细、更稀，就算之前只吃母乳或奶粉的孩子，也能顺利接受这种食物。

材料 大米 15 g，
水 400 mL

所需时间约 **40** 分钟

做法

❶ 大米洗好，泡 30 分钟以上，然后沥干水分，最后用石臼碾细备用。

❷ 在碾细的米粉中加入 150 mL 的水，再泡一会儿。把上面的水倒掉，只留下沉淀物。

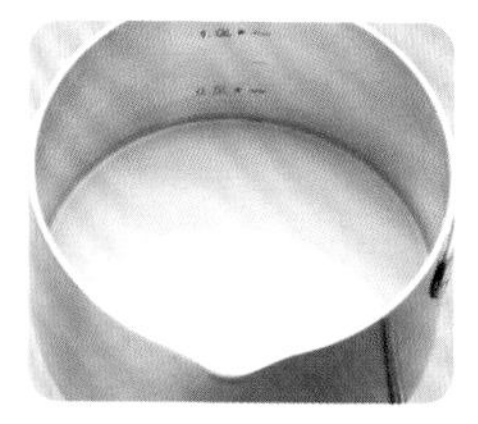

❸ 把沉淀下的米粉倒进 250 mL 的水中，大火烧开。

❹ 水开以后，转小火，一边用饭勺不停地搅动，一边再烧 7~8 分钟，直到米汤烧沸开始不停外溢。

❺ 烧开后，用滤网过滤一遍，滤出里面较大的颗粒。

小窍门

由于大米是制作婴儿辅食的主要材料，因此建议大家尽可能地购买有机大米或未使用农药的大米。如果想节约时间，也可以直接购买有机大米粉。

大米汤 / 糯米汤

大米不含诱发过敏的麸质蛋白成分，而且极易消化，因此非常适合作为孩子刚开始吃的食物。糯米也比较容易消化。在喂食过大米汤之后，不妨试试糯米汤。

材料 大米 15 g(或者大米10 g和糯米 5 g)，水 200 mL

所需时间约 **20** 分钟

小窍门

糯米比大米含有更多的铁，但是糯米本身较硬，因此有可能会引起便秘，可以将大米和糯米按照 2：1 的比例混合起来煮制。

做法

❶ 大米、糯米洗好泡 30 分钟以上，然后沥干水分，最后用石臼碾细备用。

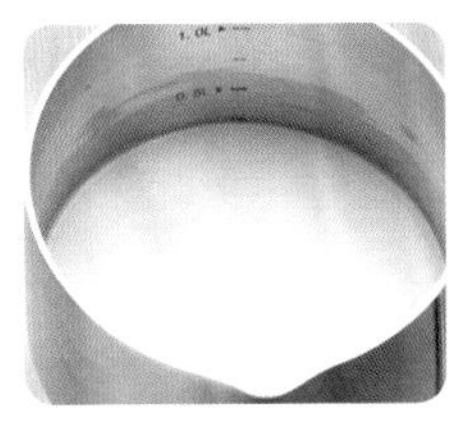

❷ 将米粉倒入适量的水中，大火烧开。

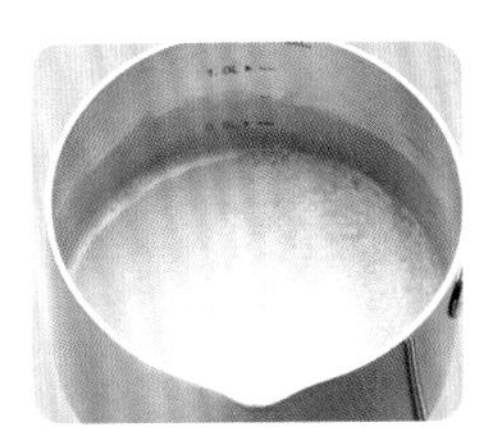

❸ 水开之后，将火调小，一边用饭勺不停地搅动，一边再烧 7~8 分钟，直到米汤烧沸开始不停外溢。

❹ 煮好之后，用滤网过滤一遍。将饭勺倾斜，米汤能像牛奶一样顺着饭勺流下去的浓度就可以了。

土豆糊

土豆被称作“地里的苹果”，含有丰富的维生素C，即使经过加热和烹调，其中的营养成分也几乎不会被破坏，极易被人体消化吸收，且不会对胃肠造成负担，因此它是十分适合作为初期辅食添加的食物。

材料 大米15 g，
土豆10 g，
水200 mL

所需时间约 **25** 分钟

做法

❶ 大米洗好泡30分钟以上，然后沥干水分，最后用石臼碾细备用。

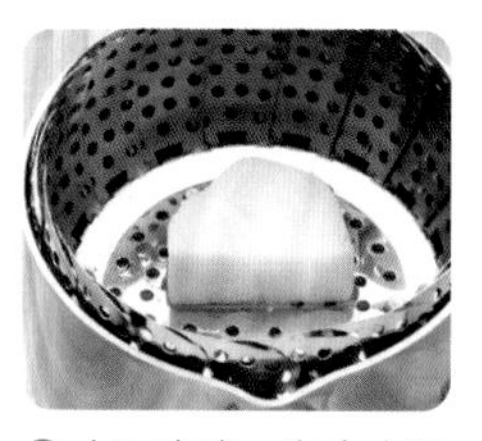

❷ 土豆去皮，在水中浸泡一下，除去淀粉。蒸器中的水烧开后放入土豆，蒸10分钟。

❸ 蒸熟的土豆趁热压成泥。

❹ 将大米和压成泥的土豆放入适量的水中，开中火，用饭勺不停地搅动，煮7~8分钟。

❺ 煮开后，用滤网过滤出里面较大的颗粒。

处理土豆的时候，如果有发芽的芽眼，一定要剜掉，因为里面有毒性物质龙葵碱。土豆一定要趁热压，这样才能压成泥。

红薯糊

红薯含有丰富的碳水化合物和人体必需的氨基酸、膳食纤维，能补充人体所需的营养，促进消化。由于红薯味甜，做成辅食大多数宝宝非常喜欢吃。

材料 大米 15 g，
红薯 10 g，
水 200 mL

所需时间约 **25** 分钟

做法

❶ 大米洗好，泡 30 分钟以上，然后沥干水分，最后用石臼碾细备用。

❷ 红薯去皮，洗净。放入烧开的蒸器中蒸 10 分钟。

❸ 蒸熟的红薯趁热压成泥。

❹ 将大米和红薯放入适量的水中，开中火，用饭勺不停地搅动，煮 7~8 分钟。

❺ 烧开后，用滤网过滤出里面较大的颗粒。

西葫芦糊

西葫芦是一种维生素和无机质含量较高的蔬菜，一般不会引发过敏。由于它的主要成分是碳水化合物，所以极易被人体消化吸收，很适合在早期辅食当中喂给宝宝吃。

材料 大米 15 g，
西葫芦 10 g，
水 250 mL

所需时间约 **20** 分钟

做法

❶ 大米洗好，泡 30 分钟以上，然后沥干水分，最后用石臼碾细备用。

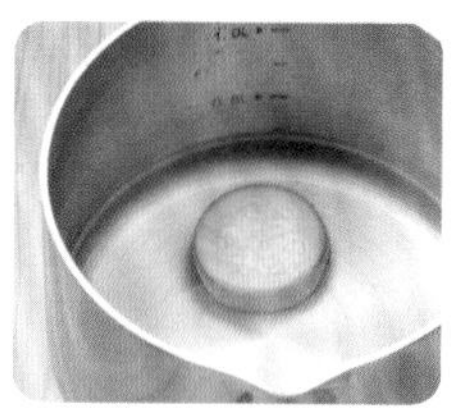

❷ 将西葫芦放入烧开的沸水中，焯 2 分钟，直至变软。

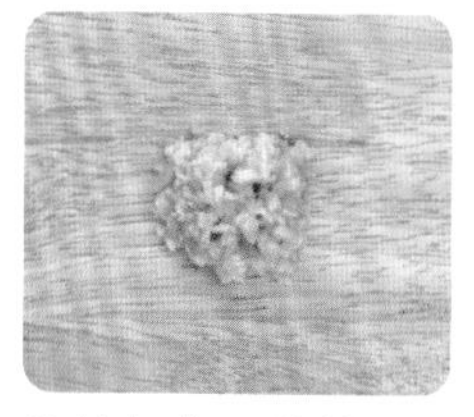

❸ 焯好的西葫芦除去皮和里面的种子，切成 2 mm^3 左右的大小。

❹ 切细的西葫芦用石臼再捣一下。

❺ 将大米和西葫芦放入适量的水中，开中火，用饭勺不停地搅动，煮 7~8 分钟。

❻ 煮开后，用滤网滤出里面较大的颗粒。

西葫芦种子里面的卵磷脂成分虽对大脑发育有好处，但是可能会给胃肠带来负担。因此在早期的辅食当中，一定要把西葫芦的皮和种子清除干净。

南瓜糊

绿皮南瓜味道甘甜，颜色也漂亮，深受孩子们的喜爱。它能提高人体的免疫力，又极易消化，所以辅食中经常会用到绿皮南瓜。

材料 大米 15 g，
南瓜(绿皮)10 g，
水 200 mL

所需时间约 **25** 分钟

做法

❶ 大米洗好，泡 30 分钟以上，然后沥干水分，最后用石臼碾细备用。

❷ 除去南瓜(绿皮)里的种子，将南瓜(绿皮)带着皮放入烧开的蒸器中蒸 10 分钟左右。

❸ 蒸熟的南瓜（绿皮）去皮，趁热压成泥。

❹ 将大米和南瓜（绿皮）放入适量的水中，用饭勺不停地搅动，中火煮 7~8 分钟。

❺ 烧开后，用滤网将里面大的颗粒过滤出来。

小窍门

如果南瓜没有熟透，皮会很难去掉。因此一定要将南瓜彻底蒸熟之后再去皮。

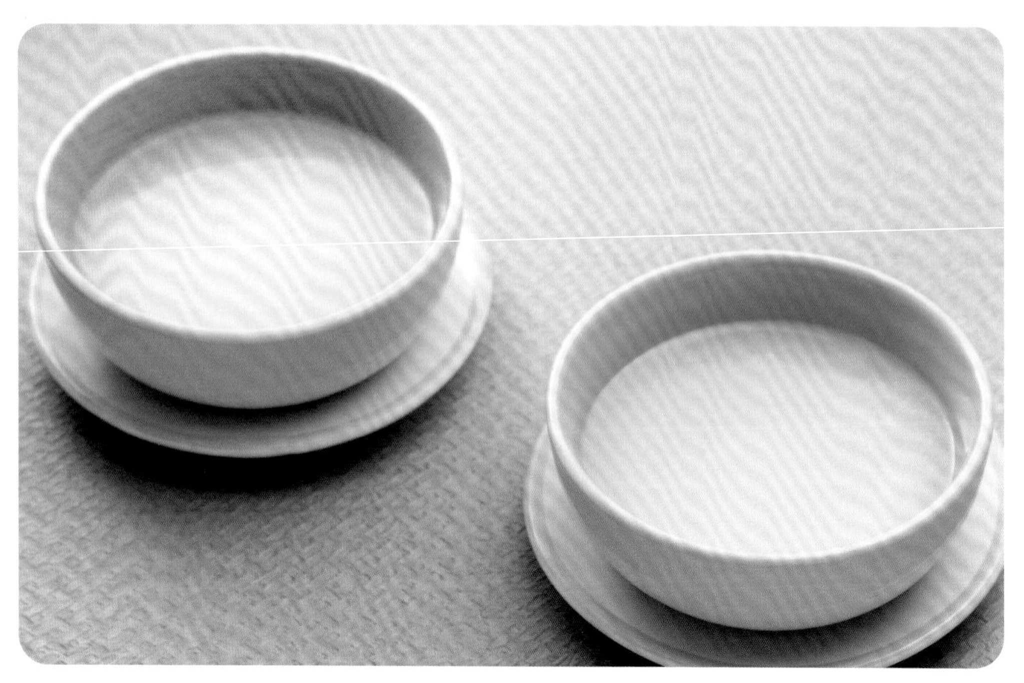

卷心菜糊 / 萝卜糊

卷心菜是一种很好的食材，它能提高人体对一些常见疾病的抵抗能力。而且卷心菜中所含的钙质极易被人体吸收，这一点甚至可以与牛奶相媲美。所以，刚开始出牙的宝宝吃点卷心菜是再好不过的。

材料 大米 15 g，卷心菜或白萝卜 10 g，水 200 mL

所需时间约 **20** 分钟

白萝卜需要在开水中焯 2 分钟。

做法

❶ 大米洗好，泡 30 分钟以上，然后沥干水分，最后用石臼碾细备用。

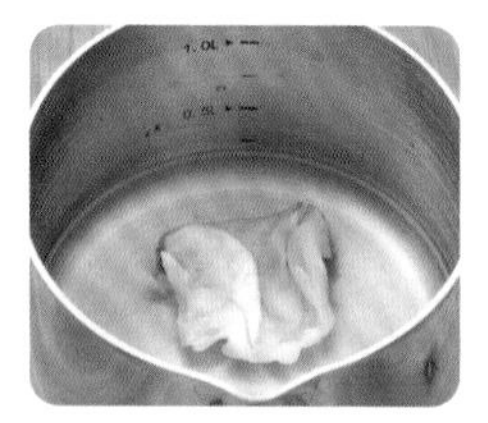

❷ 除去卷心菜里面的硬心之后，用沸水焯 1 分钟。

❸ 将焯好的卷心菜剁细至 2 mm^3 左右。

❹ 剁好的卷心菜用臼棒压碎。

❺ 把大米和卷心菜放入适量的水中，开中火，用饭勺不停地来回搅动，煮 7~8 分钟。

❻ 烧开之后，用滤网小心地过滤出渣子。

西蓝花糊 / 花菜糊

西蓝花里所含的蛋白质和维生素、铁，即使经过加热也不易被破坏。不过西蓝花的味道比较浓郁，如果宝宝不喜欢，开始时可以少加一些。

材料 大米 15 g，西蓝花（或花菜）10 g，水 200 mL

所需时间约 **20** 分钟

做法

❶ 大米洗好，泡 30 分钟以上，然后沥干水分，最后用石臼碾细备用。

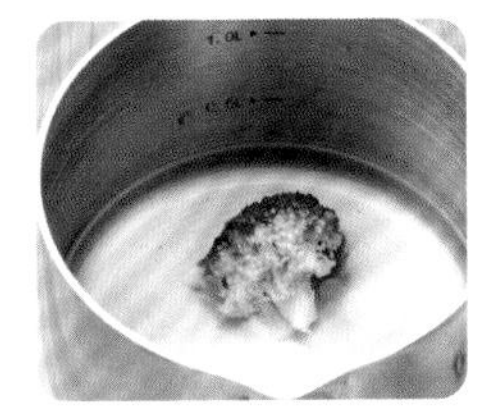

❷ 把西蓝花切成小朵，用水洗净，在热水中焯 3 分钟。

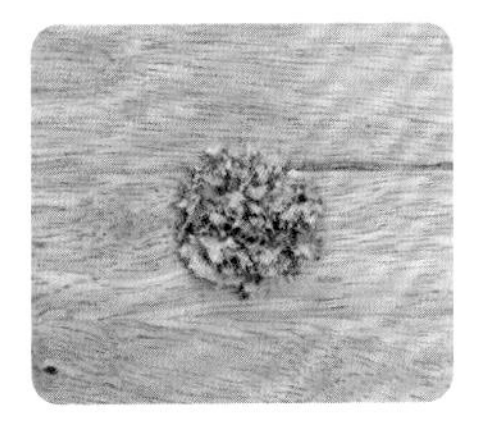

❸ 焯好的西蓝花去掉花茎，剩余部分切成约 2 mm^3 的段。

❹ 切好的西蓝花用石臼捣细。

❺ 将大米和西蓝花放入适量的水中，开中火，边用饭勺搅动，边煮 7~8 分钟。

❻ 烧开后，用滤网将较大的渣子滤出。

小窍门

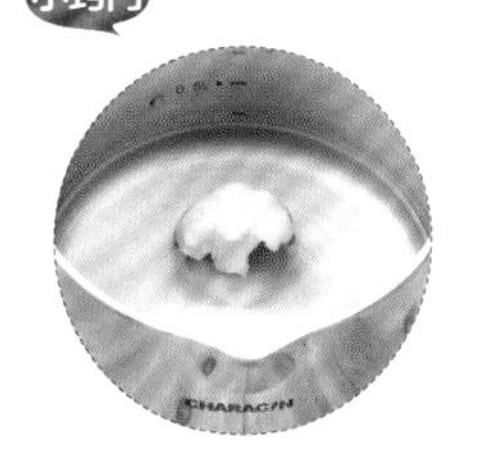

花菜比西蓝花软一些，因此焯水所用的时间可以相应减少，2 分钟就足够了。

塔菜糊 / 油菜糊

塔菜含有丰富的维生素。此外，塔菜和油菜还含有丰富的钙和铁。在补铁方面，甚至可以比肩肉类。

材料 大米 10 g，
塔菜（或油菜）5 g，
水 200 mL

所需时间约 **20** 分钟

做法

❶ 大米洗好，泡 30 分钟以上，然后沥干水分，最后用石臼碾细备用。

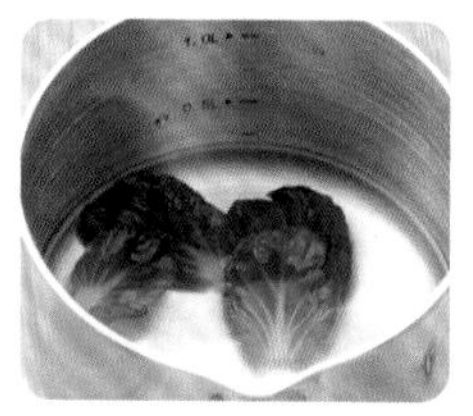

❷ 将塔菜洗净，在水中稍微焯一下，捞出后挤干水分。

❸ 将塔菜的叶子部分切成长 2 mm 左右的段。

❹ 切细的塔菜用石臼捣细。

❺ 将大米和塔菜放入适量的水中，开中火，用饭勺一边搅动，一边煮 7~8 分钟。

❻ 烧开后，用滤网过滤出里面较大的颗粒。

塔菜和油菜等叶类蔬菜含有丰富的膳食纤维，因此在早期辅食的后期，最好只使用比较柔软的叶子部分。

苹果糊 / 梨糊

苹果和梨都非常适合作为宝宝初次接触的水果来给宝宝喂食。如果宝宝有便秘或感冒的症状，梨糊比苹果糊更合适。

材料 大米 15 g，
苹果(或梨)10 g，
水 200 mL

所需时间约 **20** 分钟

做法

❶ 大米洗好，泡 30 分钟以上，然后沥干水分，最后用石臼碾细备用。

❷ 苹果洗净后去皮，除去种子后在礤菜板上擦细。

❸ 擦细的苹果用石臼捣一下。

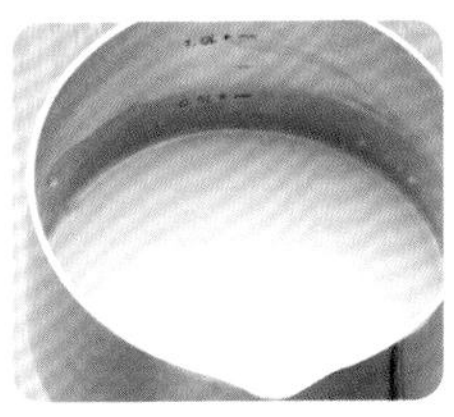

❹ 将大米和苹果放入适量的水中，开中火，用饭勺一边搅动，一边煮 7~8 分钟。

❺ 烧开后用滤网过滤出里面较大的颗粒。

小窍门

苹果和梨含有天然的甜味剂，宝宝比较喜欢吃，但是这很容易使宝宝从此喜欢上吃甜的东西。所以最好在早期辅食的后期再给宝宝喂食。

黄瓜糊

黄瓜含有丰富的维生素C。有的宝宝可能不喜欢黄瓜那种独特的香味，所以制作辅食的时候，最好把黄瓜的皮和种子都去掉，然后充分做熟。

材料 大米 15 g，
黄瓜 10 g，
水 200 mL

所需时间约 **20** 分钟

做法

❶ 大米洗好，泡 30 分钟以上，然后沥干水分，最后用石臼碾细备用。

❷ 将黄瓜洗净后，去掉皮和里面的种子，在礤菜板上擦细。

❸ 擦细的黄瓜再用石臼捣细。

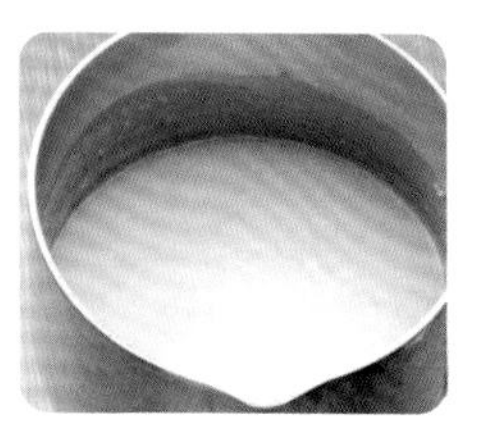

❹ 将大米和黄瓜放入适量水中，开中火，一边用饭勺不停地搅动，一边煮 7~8 分钟。

❺ 烧开后，用滤网过滤出里面较大的颗粒。

小窍门

黄瓜偶尔也会引发过敏，所以最好在早期辅食的后期喂给宝宝吃。

胡萝卜糊

胡萝卜含有丰富的胡萝卜素、维生素A和铁。宝宝的活动量越来越大，胡萝卜对恢复宝宝的体力有很好的效果，还能预防宝宝贫血。

材料 大米15 g，
胡萝卜10 g，
水200 mL

所需时间约 **20** 分钟

做法

❶ 大米洗好，泡30分钟以上，然后沥干水分，最后用石臼碾细备用。

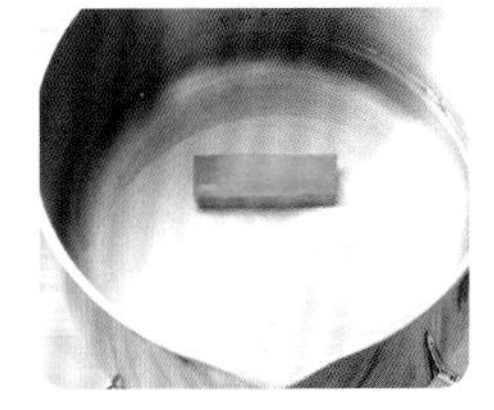

❷ 胡萝卜去皮后洗净，然后放入沸腾的水中焯2分钟。

❸ 焯好的胡萝卜切成2 mm^3 左右的丁。

❹ 切好的胡萝卜用石臼捣细。

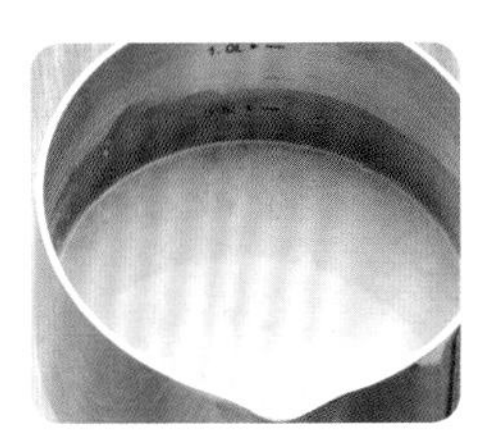

❺ 将大米和胡萝卜放入适量的水中，开中火，一边用饭勺不停地搅动，一边煮7~8分钟。

❻ 烧开后，用滤网过滤出里面较大的颗粒。

小窍门

胡萝卜偶尔也会引发过敏，所以最好在早期辅食的后期给宝宝喂食。

早期 5~6 个月龄的辅食食谱日历

上午 1 次辅食（10 点辅食 30~60 g+ 母乳 / 奶粉 160 mL）+ 下午 1 次零食

上午

周一	周二	周三	周四	周五	周六	周日
红薯塔菜糊 或 红薯油菜糊	红薯塔菜糊 或 红薯油菜糊	红薯塔菜糊 或 红薯油菜糊	香蕉西蓝花糊 或 香蕉花菜糊	香蕉西蓝花糊 或 香蕉花菜糊	香蕉西蓝花糊 或 香蕉花菜糊	南瓜(绿皮) 卷心菜糊 或 南瓜(绿皮) 萝卜糊
南瓜（绿皮） 卷心菜糊 或 南瓜（绿皮） 萝卜糊	南瓜（绿皮） 卷心菜糊 或 南瓜（绿皮） 萝卜糊	西葫芦土豆糊 或 西葫芦红薯糊	西葫芦土豆糊 或 西葫芦红薯糊	西葫芦土豆糊 或 西葫芦红薯糊	苹果油菜糊 或 苹果塔菜糊	苹果油菜糊 或 苹果塔菜糊
苹果油菜糊 或 苹果塔菜糊	胡萝卜 西葫芦糊 或 胡萝卜南瓜 （绿皮）糊	胡萝卜 西葫芦糊 或 胡萝卜南瓜 （绿皮）糊	胡萝卜 西葫芦糊 或 胡萝卜南瓜 （绿皮）糊	萝卜苹果糊 或 萝卜梨糊	萝卜苹果糊 或 萝卜梨糊	萝卜苹果糊 或 萝卜梨糊
南瓜（绿皮） 花菜糊 或 南瓜（绿皮） 西蓝花糊	南瓜（绿皮） 花菜糊 或 南瓜（绿皮） 西蓝花糊	南瓜（绿皮） 花菜糊 或 南瓜（绿皮） 西蓝花糊	牛肉糊 或 鸡肉糊	牛肉糊 或 鸡肉糊	鸡肉糊 或 牛肉糊	鸡肉糊 或 牛肉糊

红薯、塔菜 / 油菜、香蕉
西蓝花 / 花菜、南瓜（绿皮）、卷心菜 / 白萝卜

西葫芦、土豆 / 红薯、苹果、塔菜 / 油菜

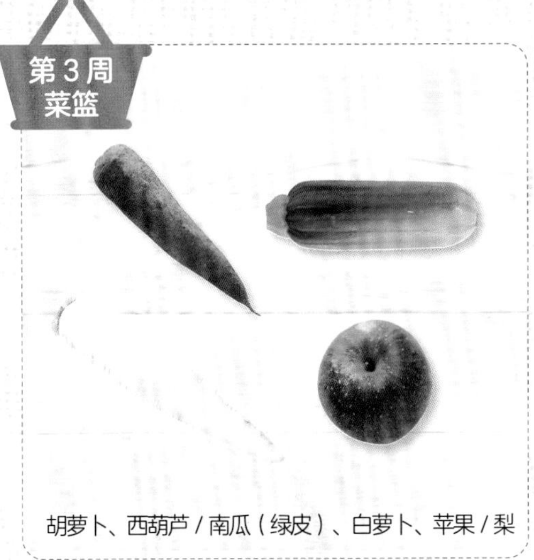

胡萝卜、西葫芦 / 南瓜（绿皮）、白萝卜、苹果 / 梨

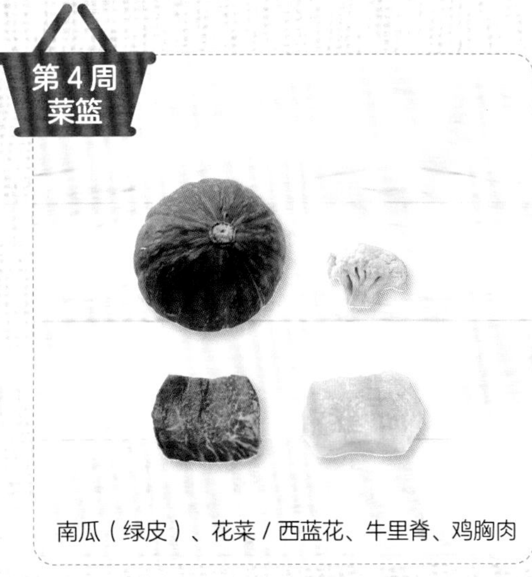

南瓜（绿皮）、花菜 / 西蓝花、牛里脊、鸡胸肉

如果宝宝已经适应了用单种蔬菜或水果制作的辅食，就可以考虑用两种食材搭配起来制作食物了，这样能更好地做到营养均衡，同时也可以使宝宝更好地适应食物的不同口味。如果宝宝一直没断奶，辅食吃得比较晚，可以先经历一个月的米糊、一种蔬菜糊、两种蔬菜糊、牛肉糊的阶段，然后转为中期辅食。如果开始吃辅食的时候，宝宝已经满 6 个月了，那就应该具备一定的消化能力了，经过米糊、牛肉糊的阶段，上午可以吃一次牛肉糊，下午每三天换一种新的蔬菜，观察宝宝对食材的反应，同时别忘补铁。

材料 大米 15 g，
红薯 10 g，
塔菜(或油菜) 5 g，
水 200 mL

所需时间约 **25** 分钟

红薯塔菜糊 / 红薯油菜糊

塔菜和油菜虽然营养丰富，但是味道浓郁，宝宝有可能会不喜欢这种味道。如果跟甜甜的红薯或绿皮南瓜搭配在一起，宝宝肯定就爱吃了。

做法

❶ 大米洗好，泡 30 分钟以上，然后沥干水分，最后用石臼碾细备用。

❷ 红薯去皮后洗净。待蒸器中的水烧开后，放入红薯蒸 10 分钟左右。

❸ 将蒸熟的红薯压成泥。

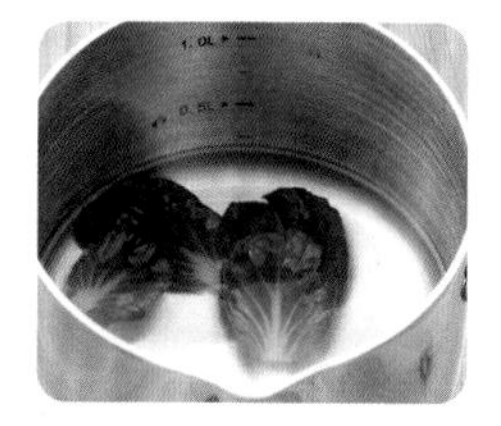

❹ 将塔菜叶子放在开水中焯 1 分钟左右。

❺ 焯好的塔菜切成长 2 mm 左右的碎片，然后用石臼捣细。

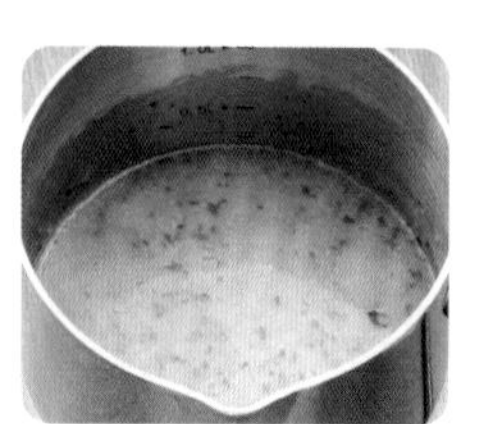

❻ 将大米和塔菜、红薯泥放入适量水中，开中火，一边用饭勺不停地搅动，一边煮 7~8 分钟。

❼ 烧开后，用滤网过滤出里面较大的颗粒。

香蕉西蓝花糊 / 香蕉花菜糊

西蓝花的味道比较浓郁，用香蕉的甜味中和一下可以大大提高口感，也可以遮住西蓝花的味道，孩子会非常喜欢吃。并且香蕉中的果糖含量不及苹果和葡萄的 1/3。

材料 大米 15 g，香蕉 5 g，西蓝花（或花菜）5 g，水 200 mL

所需时间约 **20** 分钟

做法

❶ 大米洗好，泡 30 分钟以上，然后沥干水分，最后用石臼碾细备用。

❷ 香蕉去皮，取中段果肉，压成泥。

❸ 西蓝花切成小朵，入沸水焯 1 分钟。

❹ 焯好的西蓝花切成 2 mm^3 左右的碎块，然后用石臼捣细。

❺ 将大米和香蕉、西蓝花放入适量的水中，开中火，一边用饭勺不停地搅动，一边煮 7~8 分钟。

❻ 烧开后，用滤网过滤出里面较大的颗粒。

香蕉两端的部分可能含有残留的农药，因此制作食物的时候最好只用中间部分。

材料　大米 15 g，
南瓜(绿皮)5 g，
卷心菜(或白萝卜)
5 g，水 200 mL

所需时间约 **25** 分钟

南瓜卷心菜糊 / 南瓜萝卜糊

绿皮南瓜营养丰富，而且有助于消化，和卷心菜、白萝卜这类膳食纤维丰富的食材是很好的搭配。

做法

❶大米洗好，泡 30 分钟以上，然后沥干水分，最后用石臼碾细备用。

❷南瓜除去里面的瓜瓤，带皮在蒸器中蒸 10 分钟左右。

❸蒸好的南瓜去皮后压成泥。

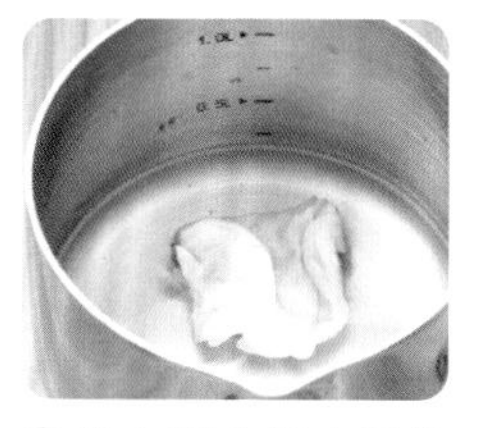

❹卷心菜去掉中间的心，入沸水焯 1 分钟。

❺焯好的卷心菜切成长 2 mm 左右的碎片，然后用石臼捣细。

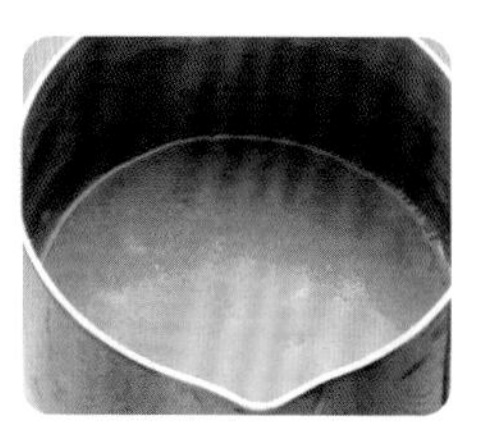

❻将大米和南瓜、卷心菜放入适量的水中，开中火，一边用饭勺不停地搅动，一边煮 7~8 分钟。

❼烧开后，用滤网过滤出里面较大的颗粒。

材料 大米 15 g，
西葫芦 5 g，
土豆(或红薯)5 g，
水 200 mL

所需时间约 **25** 分钟

西葫芦土豆糊 / 西葫芦红薯糊

西葫芦搭配土豆或红薯是食物中的一组上佳搭档。它们可以营养互补。而且两种食材相遇后会产生甜味，宝宝一定会爱吃的。

做法

❶ 大米洗好，泡 30 分钟以上，然后沥干水分，最后用石臼碾细备用。

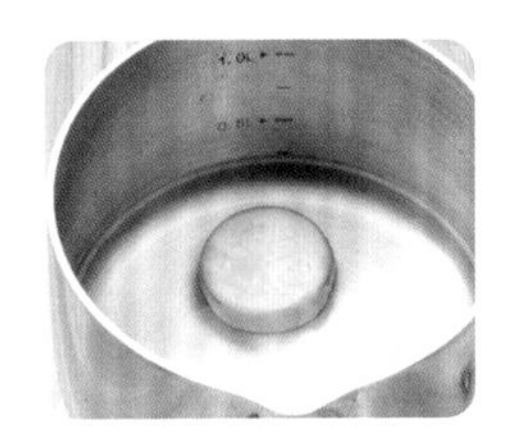

❷ 将西葫芦入沸水焯 2 分钟左右。

❸ 焯好的西葫芦切成 2 mm^3 左右的丁，然后用石臼捣细。

❹ 土豆去皮后放在蒸器中蒸 10 分钟左右。

❺ 蒸熟的土豆压成泥。

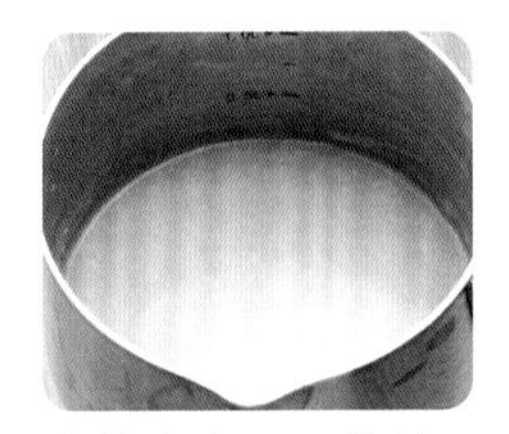

❻ 将大米和西葫芦、土豆放入适量的水中，开中火，一边用饭勺不停地搅动，一边煮 7~8 分钟。

❼ 烧开后，用滤网过滤出里面较大的颗粒。

苹果油菜糊 / 苹果塔菜糊

苹果含有丰富的维生素C，油菜或塔菜含有丰富的铁和钙，油菜或塔菜与苹果做成的食物对补充营养具有很好的效果。将平时经常用到的食材混合在一起给宝宝做辅食，可以让宝宝接触更多食物的味道，对他（她）很有好处。

材料 大米 15 g，
苹果 5 g，
油菜(或塔菜)5 g，
水 200 mL

所需时间约 **20** 分钟

做法

❶ 大米洗好，泡 30 分钟以上，然后沥干水分，最后用石臼碾细备用。

❷ 苹果去皮，去核，在礤菜板上磨细。

❸ 油菜洗净后入沸水稍微焯一下，然后挤干水分。

❹ 把焯好的油菜叶子部分切成长 2 mm 左右的碎片，然后用石臼捣细。

❺ 将大米和苹果、油菜放入适量的水中，开中火，一边用饭勺不停地搅动，一边煮 7~8 分钟。

❻ 烧开后，用滤网过滤出里面较大的颗粒。

材料 大米 15 g，
胡萝卜 5 g，
西葫芦
（或绿皮南瓜）5 g，
水 200 mL

所需时间约 **20** 分钟

胡萝卜西葫芦糊 / 胡萝卜南瓜糊

胡萝卜和南瓜（绿皮）在一起会产生柔滑甘甜的口感。这种甜不带任何刺激性，非常适合宝贝对食物温和口感的要求。两种食材从营养学角度也非常搭配，因此经常被同时用到食物中去。

做法

❶ 大米洗好，泡 30 分钟以上，然后沥干水分，最后用石臼碾细备用。

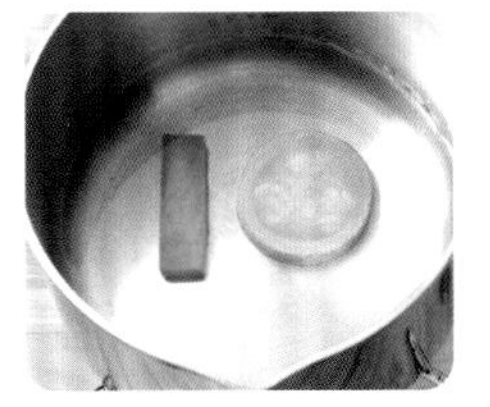

❷ 将处理好的胡萝卜和西葫芦入沸水焯 2 分钟左右。

❸ 焯好的胡萝卜切成 2 mm^3 左右的丁，然后用石臼捣细。

❹ 焯好的西葫芦切成 2 mm^3 左右的块，用石臼捣细。

❺ 将大米和胡萝卜、西葫芦放入适量的水中，开中火，一边用饭勺不停地搅动，一边煮 7~8 分钟。

❻ 烧开后，用滤网过滤出里面较大的颗粒。

南瓜（绿皮）需要除去里面的种子后，带着皮放进烧开的蒸器中蒸 10 分钟左右。

白萝卜苹果糊／白萝卜梨糊

白萝卜、苹果和梨都特别有助于消化，孩子食欲下降或者便秘的时候吃特别好。

材料 大米 15 g，
白萝卜 10 g，
苹果(或梨) 5 g，
水 200 mL

所需时间约 **20** 分钟

做法

❶ 大米洗好，泡 30 分钟以上，然后沥干水分，最后用石臼碾细备用。

❷ 将白萝卜入沸水焯 3 分钟左右。

❸ 焯好的白萝卜趁热捣细。

❹ 苹果洗净后去皮去核，然后在礤菜板上擦细。

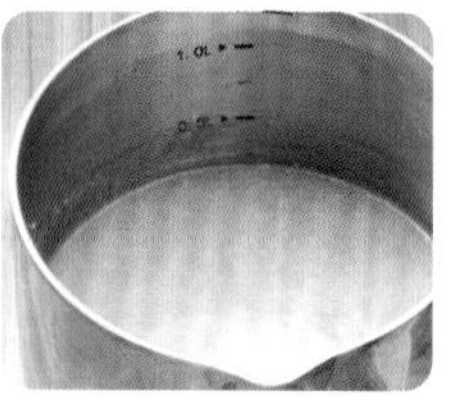

❺ 将大米和白萝卜、苹果放入适量的水中，开中火，一边用饭勺不停地搅动，一边煮 7~8 分钟。

❻ 烧开后，用滤网过滤出里面较大的颗粒。

材料 大米 15 g，
南瓜（绿皮）5 g，
花菜（或西蓝花）
5 g，水 200 mL

所需时间约 **25** 分钟

南瓜花菜糊 / 南瓜西蓝花糊

花菜糊算不上是孩子喜欢吃的食物，但是，如果把它跟绿皮南瓜一起做的话，一道美味的宝宝辅食就诞生啦。

做法

❶ 大米洗好，泡 30 分钟以上，然后沥干水分，最后用石臼碾细备用。

❷ 将南瓜（绿皮）去掉瓜瓤后在蒸器里蒸 10 分钟左右。

❸ 蒸熟的南瓜去皮后压成泥。

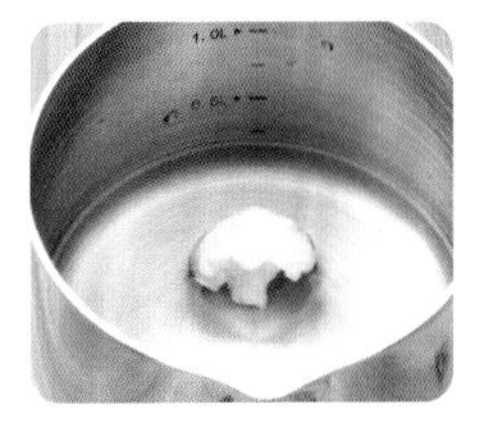

❹ 花菜切成小朵，入沸水焯 2 分钟左右。

❺ 焯好的花菜切成 2 mm^3 左右的丁，捣细。

❻ 将大米和南瓜、花菜放入适量的水中，开中火，一边用饭勺不停地搅动，一边煮 7~8 分钟。

❼ 烧开后，用滤网过滤出里面较大的颗粒。

牛肉糊

宝宝出生6个月以后，如果缺铁，很容易出现贫血，这时就要通过辅食给宝宝补铁了。肉类含有丰富的铁，它比蔬菜中的铁更容易被人体消化吸收。因此，每天要给宝宝喂食一次肉类食物。

材料 大米 15 g，
牛里脊肉 10 g，
水 200 mL

所需时间约 **20** 分钟

做法

❶ 大米洗好，泡 30 分钟以上，然后沥干水分，最后用石臼碾细备用。

❷ 将牛肉在冷水中浸泡 20 分钟左右，泡出里面的血水后，在水里洗一下。入沸水焯 3~5 分钟。

❸ 把焯熟的牛肉切细。

❹ 切细的牛肉用石臼捣细。

❺ 将大米和牛肉放入适量的水中，开中火，一边用饭勺不停地搅动，一边煮 7~8 分钟。

❻ 烧开后，用滤网过滤出里面较大的颗粒。

小窍门

辅食中用到的牛肉最好使用含铁量比较高的里脊部分。

并不是说牛肉在水中浸泡的时间足够长，肉里面的血水就能泡干净，而应该换几次清水，最好泡 20~30 分钟。

鸡肉糊

鸡肉含有对大脑发育十分有益的蛋白质，而且所含的食物纤维较细软，极易消化吸收。制作辅食时，不妨使用脂肪含量较少的鸡里脊肉或鸡胸肉。

材料 大米 15 g，
鸡里脊肉（或鸡胸肉）10 g，
水 200 mL

所需时间约 **20** 分钟

鸡肉的肉质较软，冷冻后口感会下降。保存剩下鸡肉的时候，一定要将鸡肉入沸水煮熟再冷冻保存。

做法

❶ 大米洗好，泡 30 分钟以上，然后沥干水分，最后用石臼碾细备用。

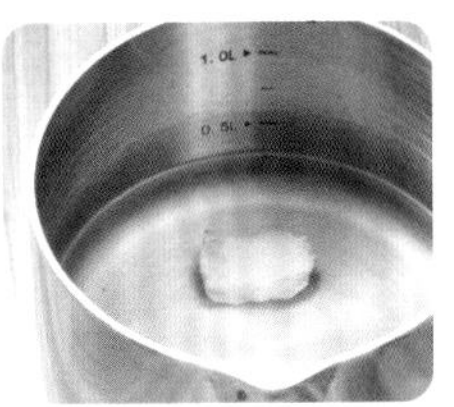

❷ 去掉鸡肉的肉皮、筋和脂肪，将鸡肉入沸水焯 3~5 分钟，使之熟透。

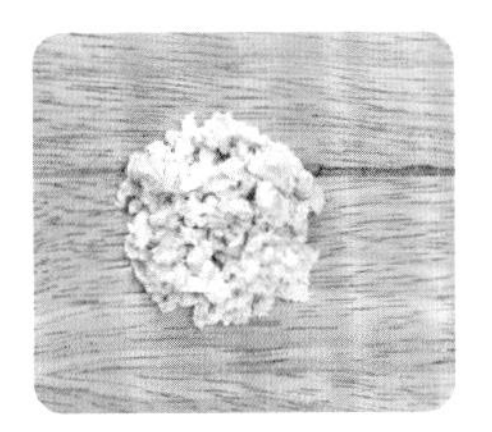

❸ 把焯熟的鸡肉切碎。

❹ 切碎的鸡肉用石臼捣细。

❺ 将大米和鸡肉放入适量的水中，开中火，一边用饭勺不停地搅动，一边煮 7~8 分钟。

❻ 烧开后，用滤网过滤出里面较大的颗粒。

早期零食

在只吃糊糊类食物的早期阶段，零食要做得软一些，这样宝宝才容易吃。可以把水果或蔬菜做熟后弄细，让宝宝容易吞咽。由于各种果泥都比较甜，所以最好在早期辅食的后半段再稍微让宝宝吃一点。注意不要让宝宝迷上甜的味道哦。

梨泥

材料　梨 50 g，开水 5 大勺

做法

1. 梨洗净后去皮，去核。
2. 将梨入沸水焯 30 秒左右，然后在礤菜板上擦细。
3. 擦细的梨肉用石臼捣一下，然后在筛箩上过一遍。
4. 筛好的梨肉中加入水，开小火，边搅动边煮 3~4 分钟，直至浓度合适。

苹果泥

材料　苹果 50 g，开水 5 大勺

做法

1. 苹果洗净后去皮，去核。
2. 将苹果入沸水焯 30 秒左右，然后在礤菜板上擦细。
3. 擦细的苹果用石臼捣一下，然后在筛箩上过一遍。
4. 筛好的苹果肉中加入水，开小火，边搅动边煮 3~4 分钟，直至浓度合适。

南瓜泥

材料　南瓜（绿皮）50 g，开水 5 大勺

做法

1. 南瓜洗净后除去瓤，带着皮在烧开的蒸器中蒸 15 分钟左右。
2. 蒸熟的南瓜趁热去皮压成泥。
3. 压成泥的南瓜在筛箩上过一遍。
4. 筛过的南瓜泥中加入水，开小火，边搅动边煮 3~4 分钟，直至浓度合适。

红薯泥

材料　红薯 50 g，开水 5 大勺

做法

1. 红薯去皮后洗净，在烧开的蒸器中蒸 7~8 分钟。
2. 蒸熟的红薯趁热压成泥。
3. 在压成泥的红薯中加入开水，调整至合适的浓度。

香蕉泥

材料　香蕉 50 g，开水 5 大勺

做法

1. 香蕉去皮后，取中间段果肉。
2. 将香蕉入沸水焯 2 分钟左右，然后用压碎器压成泥。
3. 压成泥的香蕉在筛箩上过一遍。
4. 筛过的香蕉泥中加入水，开小火，边搅动边煮 3~4 分钟，直至浓度合适。

第三章

7~9 个月中期辅食

“一天 2 次，给宝宝吃不同的食物。”

一般来说，宝宝会在出生 6 个月前后出牙。这个时期的宝宝进入快速成长期，可以说是一天一个样。因此必须摄入充足的营养。

这段时间可以给宝宝准备一些容易吃且容易消化的粥类食物。最好在里面加入牛肉、鱼肉、鸡肉等肉类或蔬菜类等，让宝宝的辅食食谱更丰富一些。开始的时候可以在粥中加 10 倍的水，之后渐渐过渡到 7 倍、5 倍。

7~8 个月大的宝宝上午喂 1 次辅食，下午再喂 1 次零食；8~9 个月大的宝宝上午、下午各喂 1 次辅食，中间可以喂 1 次零食。

中期辅食的注意点

中期辅食是通过辅食给宝宝补充营养的阶段。所以，这一阶段的辅食营养要均衡、全面。这一时期可以适当减少哺乳量，然后让宝宝逐步适应用饭勺进食。

☑ 动物蛋白

经过了对粥的适应期，就应该使用牛肉或鸡肉为宝宝补充动物蛋白了。

☑ 母乳 or 奶粉

要通过母乳或奶粉为宝宝提供 70% 的能量。在喂过辅食之后，仍然需要喂食一定的母乳或奶粉，以保证宝宝能摄取足够的营养。

☑ 一天 2 次

每天 2 次，可在固定的时间（如 10 点、18 点）喂食。最好在宝宝活动量较大，适当有饥饿感的时候喂。

☑ 零食

在两顿饭中间喂孩子吃 1 次零食。每次固定好时间，让孩子吃东西都有规律。

☑ 嚼细食物

中期辅食是宝宝开始咀嚼食物的阶段。因此吃饭所用的时间比辅食初期要长。

☑ 过敏

如果辅食开始得比较晚，可以从米糊开始，然后直接过渡到牛肉糊。每过 2~3 天添加一种蔬菜，同时留意宝宝是否有过敏反应。

中期辅食，请这样来喂

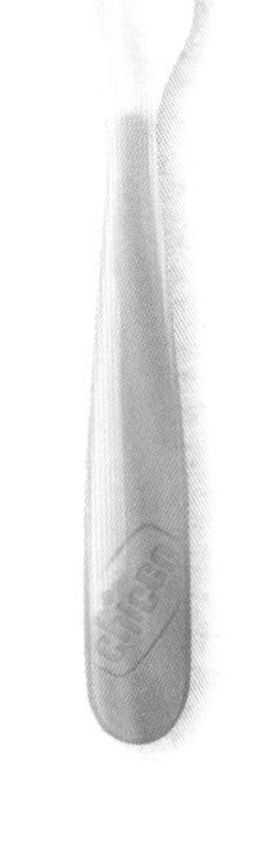

- 让宝宝坐到儿童餐椅上，喂他（她）吃饭，以养成良好的饮食习惯。
- 开始时每天 1 次，后期则每天 2 次，喂 70~100 g。
- 让宝宝抓握适合自己用的饭勺，训练宝宝独立进食。
- 使用两边都有抓手的杯子或学饮杯、吸管杯，慢慢减少宝宝对奶瓶的依赖。

① 啊～啊～张开嘴

③ 咕嘟一下～咽下去～

中期辅食一天量表（一天 2 次）

6点	10点	14点	16点	18点	22点
母乳 / 奶粉 160 mL	辅食（70~100 g）+ 母乳 / 奶粉 120 mL	母乳 / 奶粉 200 mL	零食	辅食（70~100 g）+ 母乳 / 奶粉 120 mL	母乳 / 奶粉 200 mL

中期辅食食材介绍

可以使用包括早期辅食食材在内的多种食材。像早期辅食一样，要观察宝宝食用不同食材后是否有过敏反应。

糙米 / 黑米 四季

含有丰富的膳食纤维，对预防便秘有很好的效果。由于二者都比较硬，不容易消化，因此，最好先在水里泡一段时间，然后磨细后使用。

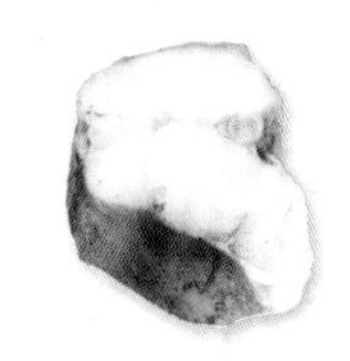

鳕鱼 四季

含有丰富的维生素 A 和维生素 B_1，对眼睛的健康及预防感冒都有帮助。

鲽鱼 应季 10~12 月

脂肪含量少，同时维生素和蛋白质丰富，易消化，非常适合作为辅食原料。

带鱼 应季 7~10 月

含有丰富的蛋白质和人体必需氨基酸中的赖氨酸，对成长期的儿童十分有益。

大枣 应季 5~10 月

含有较多碳水化合物，对人体有益，故可作辅食食材用。用的时候需要把皮和核去掉。

菠菜 应季 7~10 月

菠菜是有代表性的黄绿色蔬菜，含有丰富的维生素和无机质，对成长发育期的孩子十分有好处。在中期辅食阶段，可以把叶子部分焯一下再用。

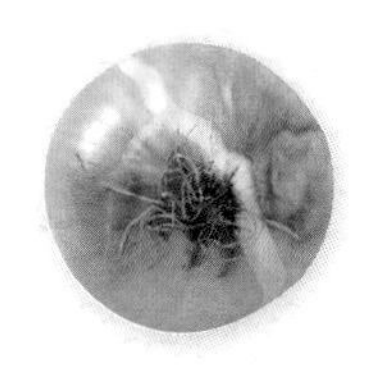

洋葱 应季 7~9 月

洋葱含糖，做熟后有甜味，能帮助消化。辅食中期，要把洋葱的内皮剥去后使用。

杏鲍菇 四季

杏鲍菇的维生素 C 含量极高，另外还含有丰富的人体必需氨基酸。

“开始正式用牛肉和鸡肉为宝宝补充动物蛋白。用鳕鱼、鲽鱼或带鱼这类白色肉鱼制作辅食。”

口蘑 四季

口蘑的蛋白质含量极高。去掉菌柄，剥掉菌盖薄薄的外皮后使用。

香菇 应季 3~9 月

含有丰富的维生素和膳食纤维。晒干的干香菇中维生素 D 的含量尤为丰富。

栗子 应季 9~12 月

含有丰富的碳水化合物和多种营养，是给孩子吃的一种很好的食材。去皮后蒸熟使用。

黑芝麻 应季 10~11 月

含有丰富的不饱和脂肪酸、钙、磷、维生素，对人体生长发育极为有益。

秋葵 应季 7~8 月

富含维生素和无机质，对人体的生长发育有极好的效果。秋葵中的膳食纤维较多。食用部分需要用力搓洗干净后使用。

豌豆 应季 4~6 月

含有丰富的维生素和膳食纤维，能预防便秘。煮熟后去皮，捣碎后使用。应季时可以多买一些回来放入冰箱冷冻室备用。

海带 四季

含有能促进生长激素合成的碘，以及强壮骨骼的钙，是一种健康食品。用于辅食制作时，可以将较软的叶子部分在水中浸泡一段时间后使用。

紫菜 四季

含有多种维生素和无机质，有淡淡的咸味，孩子比较喜欢吃。

提示

豆腐：黄豆有可能会引起宝宝过敏，因此喂食豆腐后需留意宝宝的反应。

白色肉鱼：脂肪含量少，易消化。尽量选择国产鱼。

鸡蛋：虽然是一种营养丰富的食品，但有可能会引起过敏，所以最好只喂食蛋黄。喂食之后需观察宝宝有无过敏反应。

中期辅食料理指南

大米

在水中浸泡30分钟以上，用石臼磨成原来米粒1/3的大小。加入大米量5~7倍的水后，做熟。

肉

牛肉或鸡肉需要焯3分钟以上，焯熟后切成2 mm³的丁备用。

叶类蔬菜

入沸水焯一下，然后把叶子部分切成长2~3 mm的碎片后备用。

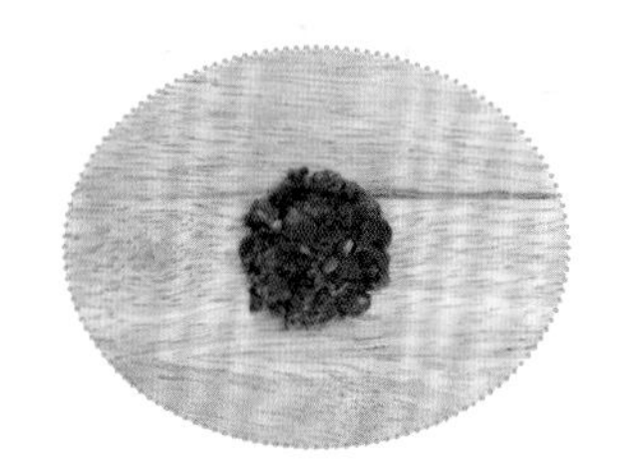

鱼

把鱼蒸软以后，除去皮和鱼刺，将鱼肉剁细后备用。

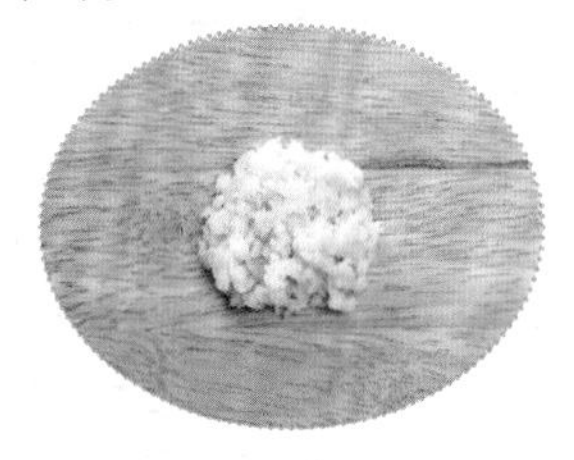

豆腐

入沸水焯一下，除去卤水，压成泥后备用。

鸡蛋

在水里煮15分钟，分离出蛋黄，在滤网上过一遍后备用。

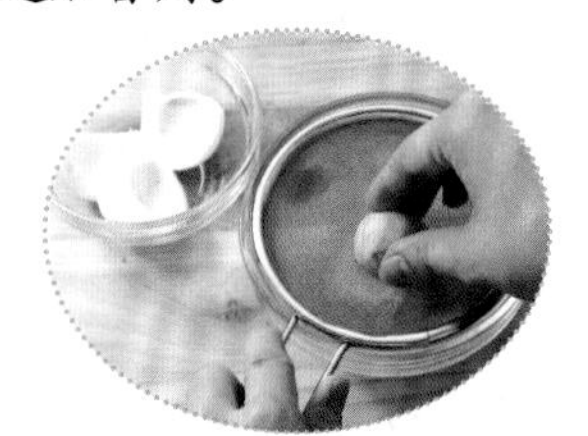

块状蔬菜

胡萝卜或白萝卜焯水后切成2~3 mm³的丁；土豆或绿皮南瓜煮熟后用压碎器压成泥。

→

烹饪要点

最开始做中期辅食的时候，可以放入10倍米量的水做米粥。等宝宝适应了米粒的大小，就改为7倍的水。越到后期越可以减少水的用量，最后可以只用5倍的水。不要添加任何调料，让宝宝慢慢熟悉食物的原味。

妈妈们的辅食经验谈

一到吃饭的时间，我都会让宝贝坐到宝宝座椅里，在旁边看我们吃饭。有一天，看到爸爸妈妈吃饭，孩子竟然咽口水了。这是宝宝可以开始吃辅食的信号！因为开始就养成了习惯，所以现在只要让孩子在餐桌前坐好，他什么饭都吃得特别好。到中期开始训练嚼饭的时候也是如此。首先，我把咀嚼的样子表演给他看。虽然宝宝才出了 2 颗牙，但是已经开始跟着我学习咀嚼的动作了。其次，我一边看着孩子，一边微笑着喂宝宝辅食。喂食的过程充满了欢乐。

率儿妈妈（宝宝 7 个月大）

我一直特别注意让孩子多吃蔬菜。牛肉一般是做成高汤使用。为了让孩子多吃蔬菜，也为了促进她的感官发育，在孩子出牙以后，我就经常把那些能生吃的蔬菜（红薯、黄瓜、白萝卜、卷心菜、胡萝卜、彩椒等）切成薄薄的长条后喂给她吃。也曾担心过她把食物整个吞下去，不过那些咽不下去的部分孩子一般都知道吐出来。我还曾把蘑菇、洋葱、西蓝花煮熟后，切成容易吃的大小，让孩子抓握住，然后孩子也吃得很好。要想让孩子喜欢吃蔬菜，得从小就让他（她）养成习惯。我家大女儿已经 42 个月了，比起点心，她现在更喜欢吃蔬菜。

俊儿妈妈（二宝 8 个月大）

一直心想着不能让自己的孩子偏食，所以做饭的时候我一直尽量多用不同的食材。做米饭也是，从糯米、糙米、大黄米、黏小米，到燕麦、藜米、鹰嘴豆，都用过。如果要写一本辅食日志的话，里面的蔬菜和肉类都不会重样。

我家孩子早饭和午饭吃得都不多，但是晚上吃得比较多。所以，为了满足一天所需的蛋白质，我都是晚上用牛肉制作辅食。虽说为了补铁，最好每顿饭里都有牛肉，但是如果顿顿都是牛肉也会吃腻。因此，早饭和午饭中的一顿可以用鸡肉或鱼肉，另外一顿可以只吃蔬菜。因为中期是让孩子熟悉食物味道的阶段。

唯珍妈妈（宝宝 8 个月大）

中期 7~8 个月龄的辅食食谱日历

上午 / 下午 辅食 2 次（10 点 /18 点 辅食 70~100 g+ 母乳 / 奶粉 120 mL）+ 下午零食 1 次（16 点）

上午 下午

周一	周二	周三	周四	周五	周六	周日
大米粥或糯米粥 大米粥或糯米粥	大米粥或糯米粥 大米粥或糯米粥	奶粥 奶粥	奶粥 奶粥	萝卜粥或卷心菜粥 萝卜粥或卷心菜粥	萝卜粥或卷心菜粥 萝卜粥或卷心菜粥	牛肉粥或鸡肉粥 牛肉粥或鸡肉粥
牛肉粥或鸡肉粥 牛肉粥或鸡肉粥	嫩豆腐粥 嫩豆腐粥	嫩豆腐粥 嫩豆腐粥	鳕鱼塔菜粥 鳕鱼塔菜粥	鳕鱼塔菜粥 鳕鱼塔菜粥	鸡蛋土豆粥 鸡蛋土豆粥	鸡蛋土豆粥 鸡蛋土豆粥
牛肉胡萝卜粥或鸡肉胡萝卜粥 牛肉胡萝卜粥或鸡肉胡萝卜粥	牛肉胡萝卜粥或鸡肉胡萝卜粥 牛肉胡萝卜粥或鸡肉胡萝卜粥	豆腐西蓝花粥或豆腐花菜粥 豆腐西蓝花粥或豆腐花菜粥	豆腐西蓝花粥或豆腐花菜粥 豆腐西蓝花粥或豆腐花菜粥	南瓜卷心菜粥或南瓜萝卜粥 南瓜卷心菜粥或南瓜萝卜粥	南瓜卷心菜粥或南瓜萝卜粥 南瓜卷心菜粥或南瓜萝卜粥	鸡肉菠菜粥或鸡肉油菜粥 鸡肉菠菜粥或鸡肉油菜粥
鸡肉菠菜粥或鸡肉油菜粥 鸡肉菠菜粥或鸡肉油菜粥	鲽鱼白菜粥或鲽鱼卷心菜粥 鲽鱼白菜粥或鲽鱼卷心菜粥	鲽鱼白菜粥或鲽鱼卷心菜粥 鲽鱼白菜粥或鲽鱼卷心菜粥	豆腐杏鲍菇粥或豆腐口蘑粥 豆腐杏鲍菇粥或豆腐口蘑粥	豆腐杏鲍菇粥或豆腐口蘑粥 豆腐杏鲍菇粥或豆腐口蘑粥	牛肉梨子糯米粥或牛肉苹果糯米粥 牛肉梨子糯米粥或牛肉苹果糯米粥	牛肉梨子糯米粥或牛肉苹果糯米粥 牛肉梨子糯米粥或牛肉苹果糯米粥

（大米 / 糯米是基本材料）

白萝卜 / 卷心菜、牛里脊肉 / 鸡胸肉

嫩豆腐、鳕鱼、鸡蛋、土豆、塔菜

牛里脊肉 / 鸡胸肉、胡萝卜、豆腐、西蓝花 / 花菜、南瓜（绿皮）、卷心菜 / 白萝卜、菠菜 / 油菜

牛里脊肉、鲽鱼、豆腐、白菜 / 卷心菜、杏鲍菇 / 口蘑、梨 / 苹果

到中期辅食的时候，宝宝就开始长下牙了。这意味着宝宝可以咀嚼食物了。冒出牙后，就要让宝宝在吃粥的时候感受一下米粒的质感，并进行咀嚼练习。早期的辅食当中需要把食物先做成糊，然后在筛箩上过一遍。但是中期开始就可以不过筛箩了。将泡好的大米磨成原来米粒的 1/3 大小后做成大米粥或糯米粥，然后可以做蔬菜粥、牛肉粥。最后还可以加入一些宝宝在早期辅食中没有接触过的食材，如白色肉鱼、豆腐、鸡蛋等。如果过了 6 个月，宝宝 1 个牙都还没出，可以稍微再等一段时间再喂宝宝吃粥。

大米粥 / 糯米粥

中期辅食开始的时候，给宝宝吃一些大米粥或糯米粥，使其慢慢适应米粒的大小。开始时做成加 10 倍水的米粥，然后可以慢慢做得更稠一些。

材料 大米 40 g，
（或大米和糯米各 20 g），
水 400 mL

所需时间约 **10** 分钟

小窍门

煮糯米粥的时候，大米和糯米的比例为 1 ∶ 1。

糯米虽比大米容易消化，但是有时也会引发便秘。因此最好在宝宝大便比较稀的时候给宝宝喂食。

做法

❶ 将大米在水中充分浸泡 30 分钟以上，沥干水分，在石臼里捣成原来颗粒大小的 1/3。

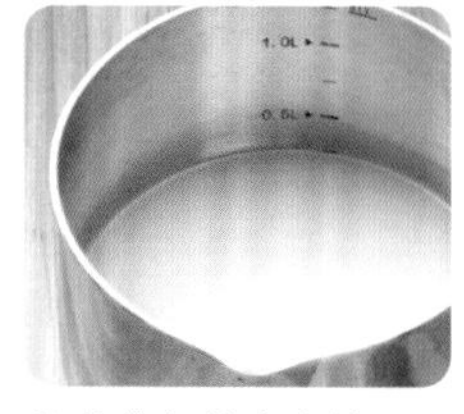

❷ 将捣好的大米放入适量的水中，大火烧开。

❸ 水开后转中火，然后边用饭勺不停地搅动，边煮 6 分钟左右，直至将米粒煮烂。

奶粥

这款食物会让宝宝感觉十分亲切。宝宝还不能喝鲜牛奶，因此我们用奶粉或母乳来做。用母乳制作的辅食冷藏后可能会产生母乳特有的奶腥味。

材料 大米 40 g，
奶粉(或母乳)20 g，
热水 400 mL

所需时间约 **10** 分钟

小窍门

奶粉含有丰富的钙，非常适合用来制作辅食。用温水冲会有小疙瘩，所以最好用热水。

做法

① 将大米在水中充分浸泡 30 分钟以上，沥干水分后，在石臼里捣成原来颗粒大小的 1/3。

② 将奶粉用 400 mL 的热水冲开。也可以用母乳代替奶粉。

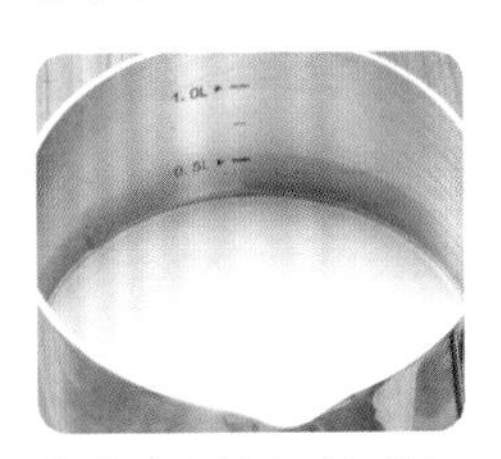

③ 将大米放入冲好的奶粉中，大火烧开。

④ 水开后转中火，然后边用饭勺不停地搅动，边煮 6 分钟左右，直至将米粒煮烂。

白萝卜粥 / 卷心菜粥

白萝卜的时令季节是10~12月，卷心菜则是3~6月。选择时令食材，辅食营养价值会更高。

材料 大米30 g，
白萝卜或卷心菜
20 g，水250 mL

所需时间约 **15** 分钟

做法

❶ 将大米在水中充分浸泡30分钟以上，沥干水分后，在石臼里捣成原来颗粒大小的1/3。

❷ 将白萝卜洗净后去皮，然后入沸水焯2分钟左右。

❸ 焯好的白萝卜切成 $3\ mm^3$ 左右的丁。

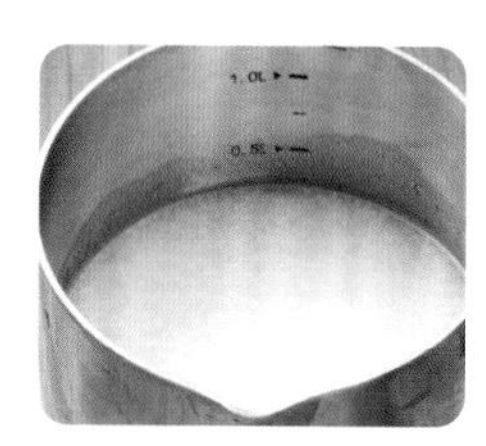

❹ 将大米和白萝卜放入适量的水中，边用饭勺不停地搅动，边煮7~8分钟，直至将米粒煮烂。

小窍门

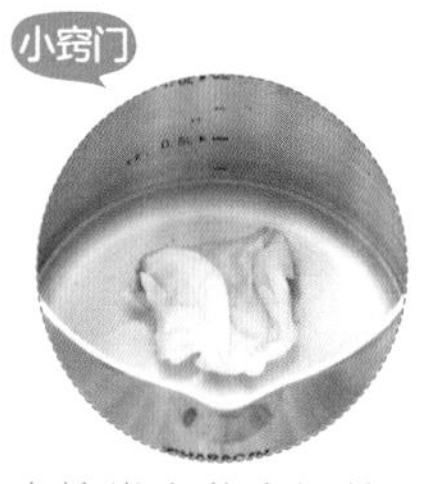

去掉卷心菜中间的硬心，在烧开的水中焯1分钟左右。

牛肉粥 / 鸡肉粥

肉类的油脂中含有很多的饱和脂肪酸。牛肉中的饱和脂肪酸对孩子的健康十分有益，但是较难消化。作为辅食用材料的牛肉最好选择含铁量高的里脊部分，购买时要买那种油脂含量低的牛肉。

材料　大米 30 g，
牛里脊肉
（或鸡胸肉）20 g，
水 250 mL

所需时间约 **20** 分钟

做法

❶ 将大米在水中充分浸泡 30 分钟以上，沥干水分后，在石臼里捣成原来颗粒大小的 1/3。

❷ 牛肉在冷水中浸泡 20 分钟，泡去血水，用水洗净后，入沸水焯 3 分钟左右。

❸ 焯熟的牛肉切成 2 mm^3 左右的丁。

❹ 将大米和牛肉放入适量的水中，边用饭勺不停地搅动，边煮 7~8 分钟，直至将米粒煮烂。

小窍门

辅食中用到的鸡肉最好选择油脂比较少的鸡里脊肉或鸡胸肉。另外，购买时注意要选择无抗生素鸡肉。

嫩豆腐粥

嫩豆腐含有丰富的钙，另外还含有碳水化合物的主要成分——低聚糖。它能促进肠运动，还能帮助机体消化吸收营养。嫩豆腐的水分含量较大，因此制作时可以适当减少水的用量。

材料 大米 30 g，
嫩豆腐 30 g，
水 250 mL

所需时间约 **15** 分钟

做法

❶ 将大米在水中充分浸泡 30 分钟以上，沥干水分后，在石臼里捣成原来颗粒大小的 1/3。

❷ 将嫩豆腐入沸水焯 1 分钟左右，然后放在滤网上沥干水分。

❸ 把焯好的嫩豆腐压成泥。

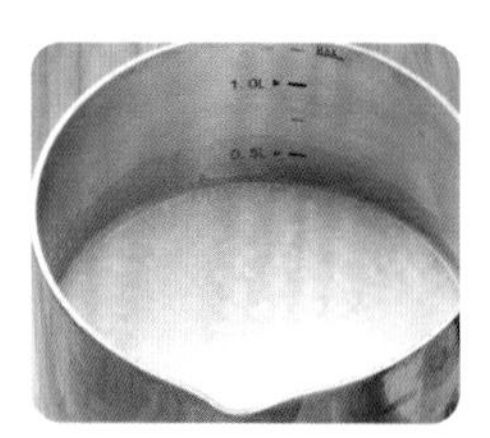

❹ 将大米和嫩豆腐放入适量的水中，边用饭勺不停地搅动，边煮 7~8 分钟，直至将米粒煮烂。

小窍门

制作豆腐的主要原料是黄豆，因此黄豆的原产地是哪里很重要。最好选择当地产的黄豆制成的豆腐。有机豆腐的话就更好了。

鳕鱼塔菜粥

鳕鱼属于白色肉鱼，它是一种脂肪含量低、高蛋白、低热量的食物。另外，鳕鱼还含有丰富的维生素A和钙。如果用鲜鳕鱼制作食物，口感会特别软嫩，所以即使处理起来比较麻烦，也最好用鲜鳕鱼制作辅食。

材料 大米30 g，鳕鱼20 g，塔菜10 g，水250 mL

所需时间约 **25** 分钟

做法

❶ 将大米在水中充分浸泡30分钟以上，沥干水分后，在石臼里捣成原来颗粒大小的1/3。

❷ 将鳕鱼切成段，洗净后放入烧开的蒸器里蒸10分钟左右。

❸ 蒸好的鳕鱼去皮，去刺，剁细。

❹ 塔菜只保留叶子部分，洗净后入沸水焯1分钟左右。

❺ 焯好的塔菜切成长3 mm左右的碎片。

❻ 将大米和鳕鱼、塔菜放入适量的水中，边用饭勺不停地搅动，边煮7~8分钟，直至将米粒煮烂。

鸡蛋土豆粥

进入中期辅食后，很多食材都是宝宝头一次接触到，其中就有蛋黄。蛋黄含有丰富的维生素 D 和卵磷脂。不过如果宝宝对蛋黄过敏的话，可以等到周岁以后再吃。

材料 大米 30 g，
蛋黄 1/2 个，
土豆 20 g，
水 250 mL

所需时间约 **30** 分钟

做法

❶ 将大米在水中充分浸泡 30 分钟以上，沥干水分后，在石臼里捣成原来颗粒大小的 1/3。

❷ 将鸡蛋在流水下洗干净，除去表面的脏东西，然后放到水中煮 15 分钟左右。

❸ 煮好的鸡蛋分离出蛋黄，然后在滤网上过一遍。

❹ 土豆去皮后洗净，然后在烧开的蒸器中蒸 10 分钟左右。

❺ 蒸熟的土豆压成泥。

❻ 将大米和蛋黄、土豆放入适量的水中，边用饭勺不停地搅动，边煮 7~8 分钟，直至将米粒煮烂。

材料 大米 30 g，
牛里脊肉
(或鸡胸肉) 20 g，
胡萝卜 10 克，
水 200 mL

所需时间约 **25** 分钟

牛肉胡萝卜粥 / 鸡肉胡萝卜粥

胡萝卜中的维生素为脂溶性维生素，如果跟肉类一起做，吃后较容易被人体吸收。一句话，胡萝卜和肉类是最佳搭档。

做法

❶ 将大米在水中充分浸泡 30 分钟以上，沥干水分后，在石臼里捣成原来颗粒大小的 1/3。

❷ 牛肉在冷水中浸泡 20 分钟，泡去血水，用水洗净后，入沸水焯 3 分钟左右。

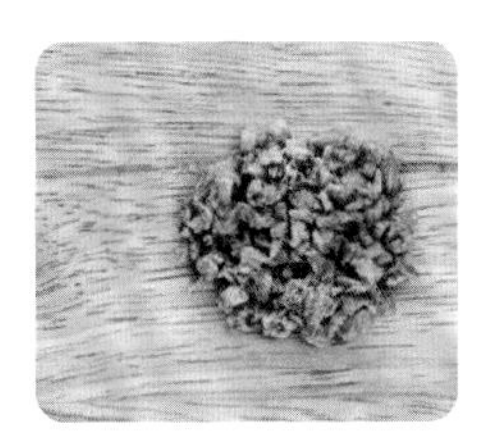

❸ 把焯熟的牛肉切成 2 mm^3 左右的丁。

小窍门

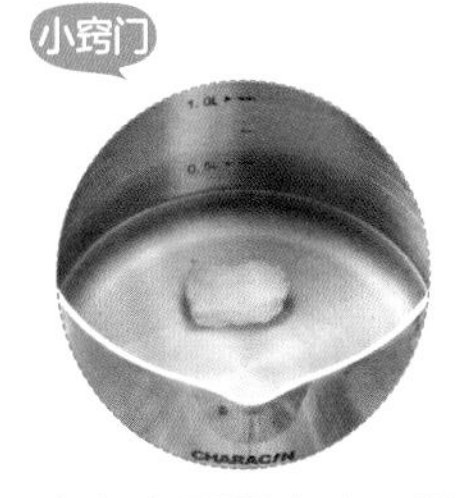

鸡胸肉需要去皮、脂肪、肉筋后，入沸水焯 3 分钟，将鸡肉焯熟。

❹ 胡萝卜去皮后洗净，然后入沸水焯 3 分钟左右。

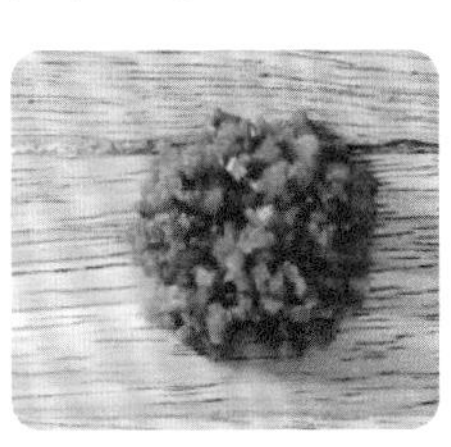

❺ 焯好的胡萝卜切成 3 mm^3 左右的丁。

❻ 将大米和牛肉、胡萝卜放入适量的水中，边用饭勺不停地搅动，边煮 7~8 分钟，直至将米粒煮烂。

材料 大米 30 g，
西蓝花（或花菜）
15 g，豆腐 20 g，
水 250 mL

所需时间约 **20** 分钟

豆腐西蓝花粥 / 豆腐花菜粥

豆腐是一种富含蛋白质的健康食品。它的脂肪含量低，口感柔软，适合用来制作辅食。不过豆腐是用黄豆做成的，可能会引起过敏，食后需留意宝宝的反应。

做法

❶ 将大米在水中充分浸泡 30 分钟以上，沥干水分后，在石臼里捣成原来颗粒大小的 1/3。

❷ 将豆腐入沸水焯 1 分钟左右，然后放在滤网上沥干水分。

❸ 把焯好的豆腐压成泥。

❹ 将西蓝花切成小朵后洗净，然后入沸水焯 3 分钟左右。

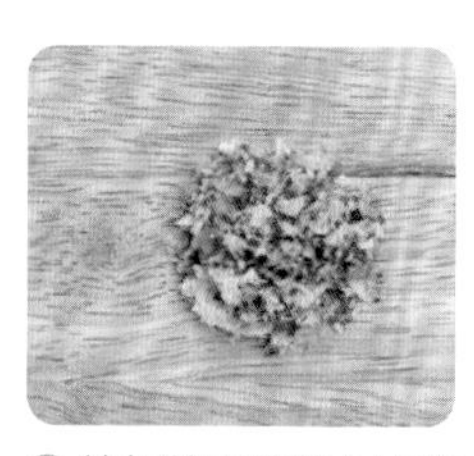

❺ 焯好的西蓝花去掉花茎，剩余部分切成 3 mm³ 左右的丁。

❻ 将大米和豆腐、西蓝花放入适量的水中，边用饭勺不停地搅动，边煮 7~8 分钟，直至将米粒煮烂。

小窍门

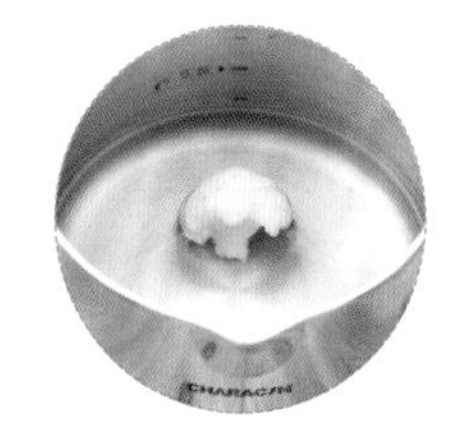

花菜比西蓝花的口感要软，因此焯水时间要短一些，一般 2 分钟就够了。

南瓜卷心菜粥 / 南瓜萝卜粥

南瓜（绿皮）和白萝卜、卷心菜都是容易消化吸收的食物。如果孩子还不能很好地消化辅食，那么试试用南瓜（绿皮）和白萝卜或卷心菜来制作一款味道甜甜、吃起来软软的辅食吧。

材料 大米 30 g，卷心菜（或白萝卜）10 g，南瓜 20 g，水 250 mL

所需时间约 **30** 分钟

做法

❶ 将大米在水中充分浸泡 30 分钟以上，沥干水分后，在石臼里捣成原来颗粒大小的 1/3。

❷ 南瓜洗净后去掉里面的瓤，带着皮在烧开的蒸器中蒸 10 分钟左右。

❸ 蒸熟的南瓜去皮后压成泥。

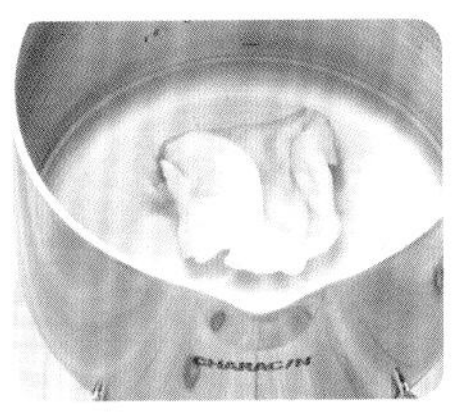

❹ 卷心菜洗净后剥去最外面的一层叶子，然后入沸水焯 3 分钟左右。

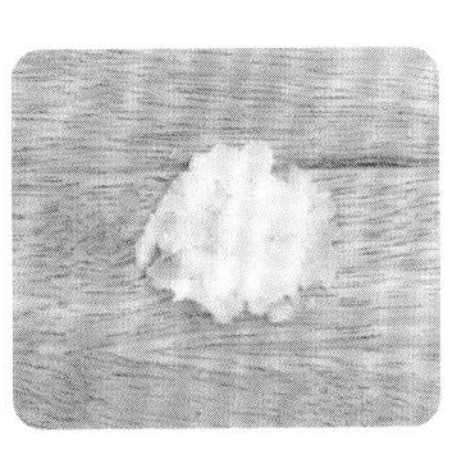

❺ 焯好的卷心菜切成长 3 mm 左右的片。

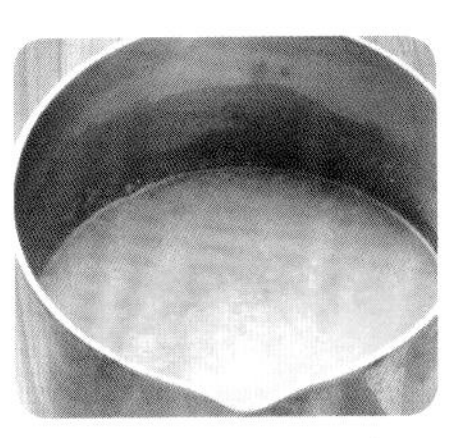

❻ 将大米和南瓜、卷心菜放入适量的水中，边用饭勺不停地搅动，边煮 7~8 分钟，直至将米粒煮烂。

小窍门

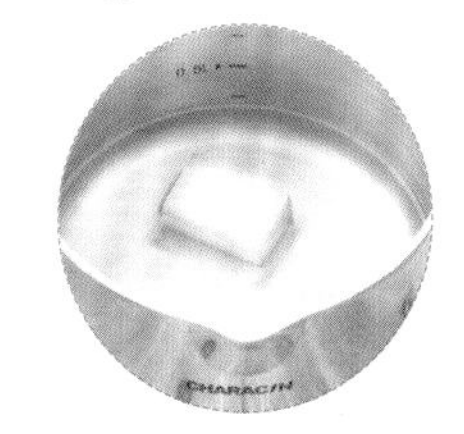

白萝卜洗净后去皮，然后入沸水焯 2 分钟左右。

鸡肉菠菜粥 / 鸡肉油菜粥

菠菜富含维生素和钙，鸡肉含有丰富的蛋白质，二者搭配在一起就能做出一道营养满分的辅食食品。菠菜茎的部分纤维比较多，比较难咀嚼，所以只取用叶子部分。

材料 大米 30 g，鸡胸肉（或里脊肉）20 g，菠菜 20 g，水 250 mL

所需时间约 **25** 分钟

做法

❶ 将大米在水中充分浸泡 30 分钟以上，沥干水分后，在石臼里捣成原来颗粒大小的 1/3。

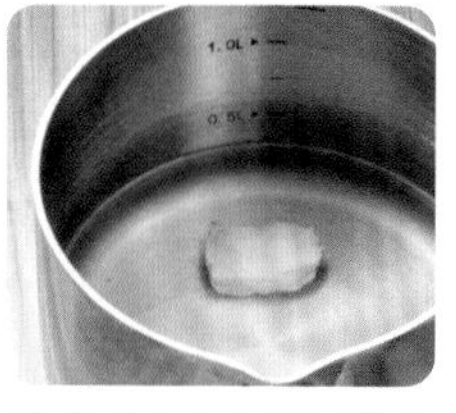

❷ 将鸡肉去皮后再除去筋和脂肪，然后入沸水焯 3 分钟左右，将鸡肉焯熟。

❸ 把焯熟的鸡肉切成 2 mm^3 左右的丁。

❹ 菠菜洗净后切下叶子部分，然后入沸水焯 30 秒左右。

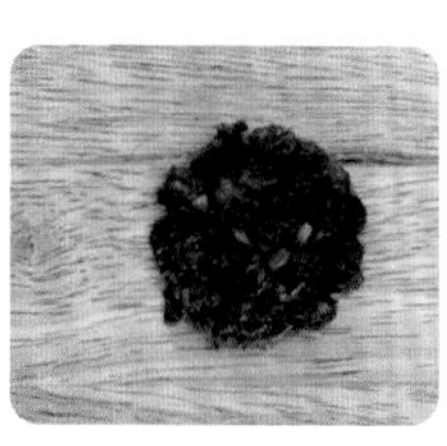

❺ 把焯好的菠菜叶切成长 3 mm 左右的碎片。

❻ 将大米和鸡胸肉、菠菜放入适量的水中，边用饭勺不停地搅动，边煮 7~8 分钟，直至将米粒煮烂。

小窍门

也可以用油菜或塔菜代替菠菜，处理的方法都一样，同样只用叶子部分。

鲽鱼白菜粥 / 鲽鱼卷心菜粥

鲽鱼属于白色肉鱼，含有大量的 B 族维生素、维生素 D 和氨基酸。白菜含有丰富的膳食纤维和钙。将二者搭配在一起，能做出爽口、微甜的美味辅食。

材料 大米 30 g，白菜（或卷心菜）10 g，鲽鱼 20 g，水 250 mL

所需时间约 **30** 分钟

做法

❶ 将大米在水中充分浸泡 30 分钟以上，沥干水分后，在石臼里捣成原来颗粒大小的 1/3。

❷ 将鲽鱼切成段，在流水下洗干净后放入烧开的蒸器中蒸 10 分钟左右。

❸ 蒸好的鱼肉除去皮和刺后剁细。

❹ 将白菜嫩叶子部分入沸水焯 1 分钟左右。

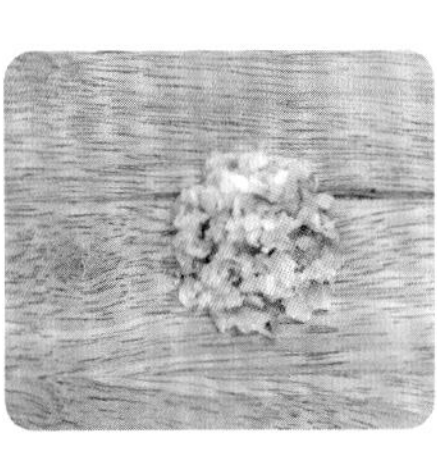

❺ 把焯好的白菜叶切成长 3 mm 左右的碎片。

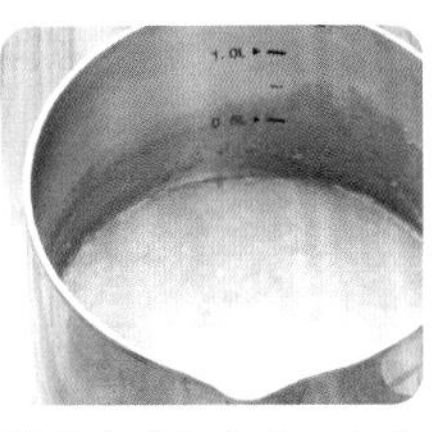

❻ 将大米和鱼肉、白菜放入适量的水中，边用饭勺不停地搅动，边煮 7~8 分钟，直至将米粒煮烂。

豆腐杏鲍菇粥 / 豆腐口蘑粥

用豆腐制作辅食的时候，需要先入沸水焯一下，除去里面的卤水后再使用。杏鲍菇里含有较多的水分，如果孩子出现脱水症状，吃一点杏鲍菇很有好处。

材料 大米 30 g，杏鲍菇（或口蘑）20 g，豆腐 15 g，水 200 mL

所需时间约 **20** 分钟

做法

❶ 将大米在水中充分浸泡 30 分钟以上，沥干水分后，在石臼里捣成原来颗粒大小的 1/3。

❷ 将豆腐入沸水焯 1 分钟左右，然后放在滤网上沥干水分。

❸ 把焯好的豆腐压成泥。

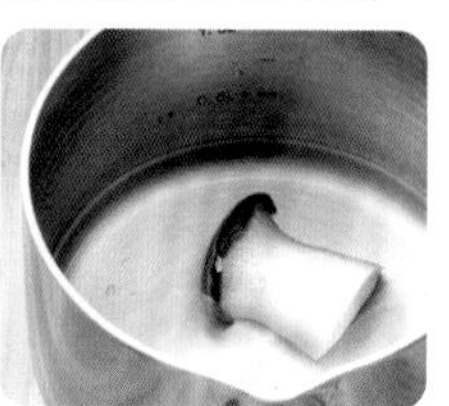

❹ 去掉杏鲍菇的根部，洗净后入沸水焯 2 分钟左右。

❺ 焯好的杏鲍菇切成 3 mm^3 左右的丁。

❻ 将大米和豆腐、杏鲍菇放入适量的水中，边用饭勺不停地搅动，边煮 7~8 分钟，直至将米粒煮烂。

牛肉梨子糯米粥 / 牛肉苹果糯米粥

如果孩子不愿吃牛肉粥或者不能顺利消化的时候，可以在糯米中放入梨和苹果一起煮。这样不但肉嫩、柔软，而且可以帮助消化吸收。

材料 糯米 30 g，
牛里脊肉 20 g，
梨（或苹果）
15 g，水 250 mL

所需时间约 **25** 分钟

做法

❶ 将糯米在水中充分浸泡 30 分钟以上，沥干水分后，在石臼里捣成原颗粒大小的 1/3。

❷ 牛肉在冷水中浸泡 20 分钟，泡去血水，用水洗净后，入沸水焯 3 分钟左右，使之熟透。

❸ 焯熟的牛肉切成 2 mm^3 左右的丁。

❹ 梨洗净后去皮，去核，然后在礤菜板上擦细。

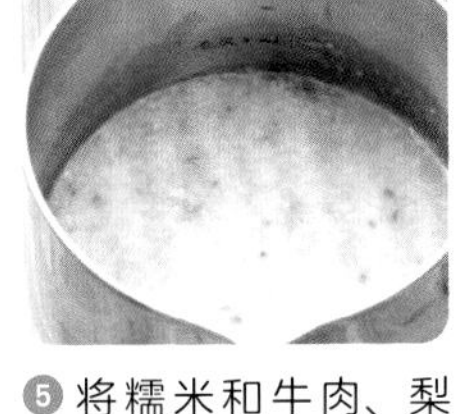

❺ 将糯米和牛肉、梨放入适量的水中，边用饭勺不停地搅动，边煮 7~8 分钟，直至将米粒煮烂。

小窍门

处理苹果也要像梨一样，洗净后去皮和核，然后用礤菜板擦细。

中期 8~9 个月龄的辅食食谱日历

上午 / 下午 辅食 2 次（10 点 /18 点 辅食 70~100 g+ 母乳 / 奶粉 120 mL)+ 下午零食 1 次（16 点）

上午 下午

周一	周二	周三	周四	周五	周六	周日
上午：带鱼西葫芦粥 下午：糙米胡萝卜粥	上午：糙米胡萝卜粥 下午：带鱼西葫芦粥	上午：牛肉海带粥 下午：红薯西蓝花粥	上午：红薯西蓝花粥 下午：牛肉海带粥	上午：嫩豆腐蔬菜粥 下午：西葫芦紫菜粥	上午：西葫芦紫菜粥 下午：嫩豆腐蔬菜粥	上午：鸡胸肉香菇粥 下午：糯米大枣粥
上午：糯米大枣粥 下午：鸡胸肉香菇粥	上午：鸡蛋蔬菜粥 下午：土豆菠菜粥	上午：土豆菠菜粥 下午：鸡蛋蔬菜粥	上午：带鱼嫩豆腐粥 下午：胡萝卜口蘑粥	上午：胡萝卜口蘑粥 下午：带鱼嫩豆腐粥	上午：牛肉萝卜粥 下午：香蕉燕麦粥	上午：香蕉燕麦粥 下午：牛肉萝卜粥
上午：黑米菠菜粥 下午：洋葱蘑菇粥	上午：洋葱蘑菇粥 下午：黑米菠菜粥	上午：牛肉蔬菜粥 下午：糯米黑芝麻粥	上午：糯米黑芝麻粥 下午：牛肉蔬菜粥	上午：豆腐白菜粥 下午：鸡胸肉栗子粥	上午：鸡胸肉栗子粥 下午：豆腐白菜粥	上午：胡萝卜西葫芦粥 下午：鳕鱼秋葵粥
上午：鳕鱼秋葵粥 下午：胡萝卜西葫芦粥	上午：牛肉豌豆粥 下午：香菇栗子粥	上午：香菇栗子粥 下午：牛肉豌豆粥	上午：蔬菜粥 下午：鸡胸肉南瓜粥	上午：鸡胸肉南瓜粥 下午：蔬菜粥	上午：鳕鱼海带粥 下午：南瓜奶粉粥	上午：南瓜奶粉粥 下午：鳕鱼海带粥

（大米 / 糯米、胡萝卜、西葫芦是基本材料）

第 1 周 菜篮

牛里脊肉、鸡胸肉、带鱼、嫩豆腐、西蓝花、红薯、大枣、香菇、海带、糙米、紫菜

第 2 周 菜篮

牛里脊肉、带鱼、鸡蛋、嫩豆腐、菠菜、白萝卜、口蘑、香蕉、燕麦、土豆

第 3 周 菜篮

牛里脊肉、豆腐、鸡胸肉、鳕鱼、菠菜、秋葵叶、香菇、口蘑、栗子、梨、黑芝麻、黑米、洋葱

第 4 周 菜篮

牛里脊肉、鸡胸肉、鳕鱼、洋葱、南瓜（绿皮）、香菇、豌豆、海带、栗子

这一阶段会用到糙米、黑米、燕麦等多种谷物，另外还会让宝宝尝到紫菜、海带、海青菜等一些藻类食物的味道。这时的宝宝大概已出 4 颗牙了，但是主要还是依靠牙龈来咀嚼食物。从宝宝 8 个月大开始，煮粥时从添加 7 倍的水调整为 5 倍的水，让粥更稠一些，为下一阶段喂食稀饭做好准备。中期辅食的阶段依然需要注意观察宝宝是否有过敏现象。每添加一种新的食物，都要观察宝宝的皮肤是否出现异常。

带鱼西葫芦粥

带鱼含有较为全面的人体必需氨基酸，是一种优质蛋白食品，其中赖氨酸的含量高，能帮助人体生长发育。此外还含有适量的脂肪，适合与易消化的蔬菜一起做成食物。

材料　大米 30 g，
带鱼 20 g，
西葫芦 15 g，
水 250 mL

所需时间约 **25** 分钟

做法

❶ 将大米在水中充分浸泡 30 分钟以上，沥干水分后，在石臼里捣成原来颗粒大小的 1/3。

❷ 将带鱼切成段，在流水下洗干净，放入烧开的蒸器中蒸 10 分钟左右。

❸ 蒸好的鱼肉除去皮和刺后剁细。

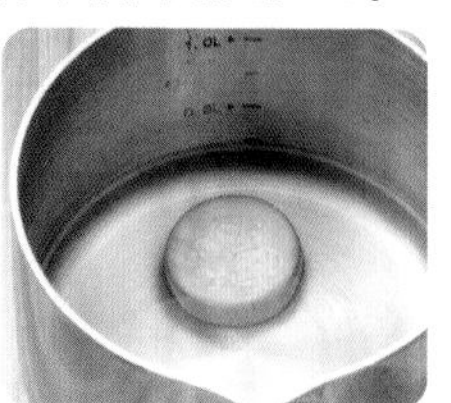

❹ 将西葫芦洗净后入沸水焯 2 分钟左右。

❺ 焯好的西葫芦切成 3 mm^3 左右的丁。

❻ 将大米和鱼肉、西葫芦放入适量的水中，边用饭勺不停地搅动，边煮 7~8 分钟，直至将米粒煮烂。

小窍门

也可以用白萝卜、土豆等容易消化的蔬菜代替西葫芦。

糙米胡萝卜粥

糙米是稻谷脱去外层稻壳后的全谷粒米，它保留了营养价值很高的胚芽和内皮，因此比普通精米的营养更丰富。但是如果直接用它做饭可能会不容易消化，所以需要在水里充分地泡一段时间，或与精米混合使用。

材料 糙米 30 g，
胡萝卜 30 g，
水 250 mL

所需时间约 **15** 分钟

做法

❶ 将糙米洗净后浸泡在冷水中，最少要泡 6 个小时。

❷ 将泡好的糙米沥干水分后，在石臼里捣成原来颗粒大小的 1/3。

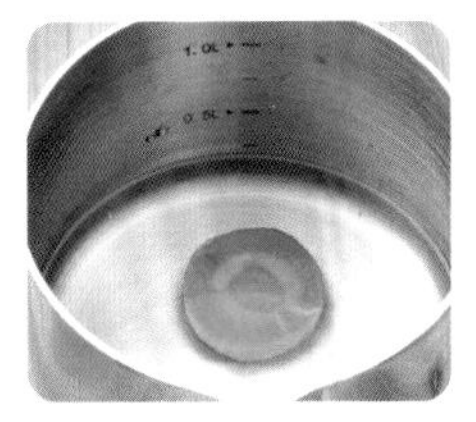

❸ 将胡萝卜去皮洗净后入沸水焯 3 分钟左右。

❹ 焯好的胡萝卜切成 3 mm^3 左右的丁。

❺ 将糙米、胡萝卜放入适量的水中，边用饭勺不停地搅动，边煮 7~8 分钟，直至将米粒煮烂。

胡萝卜如果没熟透，宝宝吃后会很难消化，所以入沸水焯 3 分钟以上，然后跟米一起煮，一定要让它完全熟透。

牛肉海带粥

牛肉海带粥常被用作产后调养的食物，对身体是十分有好处的。它含有大量的钙、碘、铁，也适合作为宝宝辅食。

材料　大米 30 g，
牛里脊肉 20 g，
海带 10 g，
水 250 mL

所需时间约 **25** 分钟

做法

❶ 将大米在水中充分浸泡 30 分钟以上，沥干水分后，在石臼里捣成原来颗粒大小的 1/3。

❷ 牛肉在冷水中浸泡 20 分钟，泡去血水，用水洗净后，入沸水焯 3 分钟左右。

❸ 焯熟的牛肉切成 $2\ mm^3$ 左右的丁。

❹ 海带在水里泡 10 分钟左右。

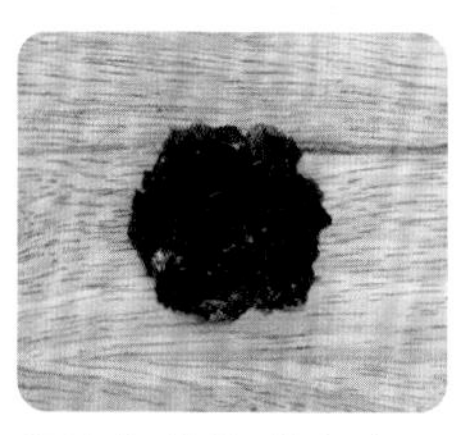

❺ 泡好的海带在水里揉洗干净，然后切成长 3 mm 左右的小片。

❻ 将大米和牛肉、海带放入适量的水中，边用饭勺不停地搅动，边煮 7~8 分钟，直至将米粒煮烂。

切片海带使用起来更方便。海带经水泡之后会发胀，泡的时候要少放一点。

红薯西蓝花粥

用红薯和西蓝花做成的这款辅食可谓是营养满分。因为红薯的味道比较甜，所以讨厌西蓝花的孩子也会喜欢这款食物。

材料 大米 30 g，
红薯 20 g，
西蓝花 10 g，
水 250 mL

所需时间约 **25** 分钟

做法

❶ 将大米在水中充分浸泡 30 分钟以上，沥干水分后，在石臼里捣成原来颗粒大小的 1/3。

❷ 红薯去皮后洗净，在烧开的蒸器中蒸 10 分钟左右。

❸ 蒸熟的红薯压成泥。

❹ 西蓝花洗净后切掉中间的茎，再切成小朵，然后入沸水焯 3 分钟左右。

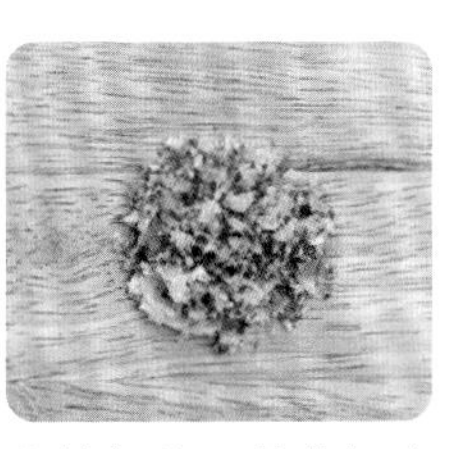

❺ 焯好的西蓝花切成 3 mm³ 左右的块。

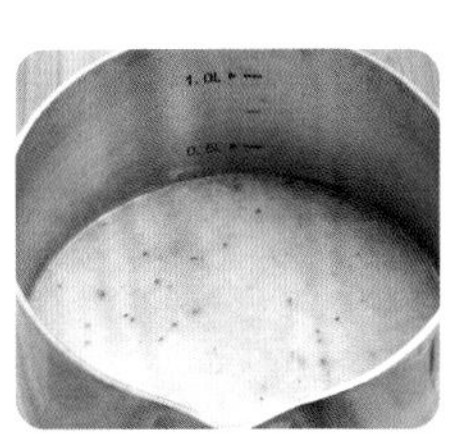

❻ 将大米和红薯、西蓝花放入适量的水中，边用饭勺不停地搅动，边煮 7~8 分钟，直至将米粒煮烂。

嫩豆腐蔬菜粥

嫩豆腐含有丰富的植物蛋白，口感柔软，非常适合用于制作辅食。做饭时搭配上各种蔬菜就可以让宝宝更好地吸收到优质蛋白质。

材料 大米 30 g，
嫩豆腐 15 g，
胡萝卜 10 g，
西葫芦 10 g，
水 250 mL

所需时间约 **20** 分钟

做法

❶ 将大米在水中充分浸泡 30 分钟以上，沥干水分后，在石臼里捣成原来颗粒大小的 1/3。

❷ 将豆腐入沸水焯 1 分钟左右，然后放在滤网上沥干水分。

❸ 把焯好的豆腐压成泥。

❹ 胡萝卜去皮后洗净，西葫芦洗净，然后入沸水焯 3 分钟左右，备用。

❺ 焯好的胡萝卜和西葫芦切成 3 mm^3 左右的丁。

❻ 将大米和嫩豆腐、胡萝卜、西葫芦放入适量的水中，边用饭勺不停地搅动，边煮 7~8 分钟，直至将米粒煮烂。

西葫芦紫菜粥

紫菜含有丰富的碘、维生素A、牛磺酸，能帮助人体消化，还能帮助排出体内多余的钠。紫菜的味道有点咸，而且很香，所以用它可以制作出宝宝喜欢的辅食来。

材料 大米 30 g，
西葫芦 20 g，
紫菜 5 g，
水 250 mL

所需时间约 **20** 分钟

做法

❶ 将米在水中充分浸泡 30 分钟以上，沥干水分后，在石臼里捣成原来颗粒大小的 1/3。

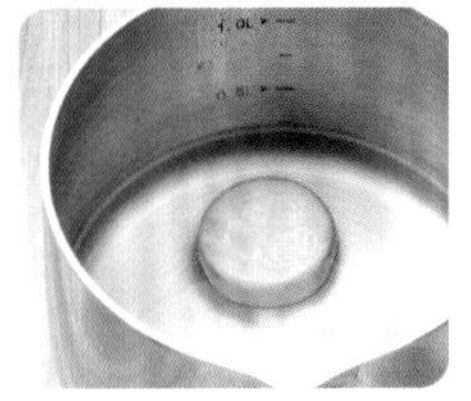

❷ 西葫芦洗净后入沸水焯 2 分钟左右。

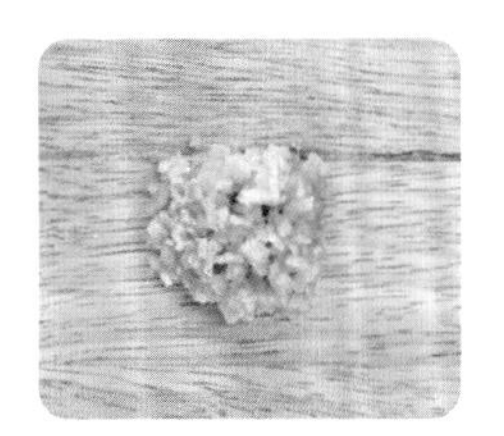

❸ 焯好的西葫芦切成 3 mm^3 左右的丁。

❹ 把紫菜在锅里用小火烘烤一下，然后用石臼捣细。

❺ 将米和西葫芦、紫菜放入适量的水中，边用饭勺不停地搅动，边煮 7~8 分钟，直至将米粒煮烂。

小窍门

市面上出售的带包装的紫菜含盐量较高，因此比较咸。给宝宝做辅食，最好使用含盐量低的紫菜。

鸡胸肉香菇粥

香菇含有丰富的维生素D，有助于钙和磷的吸收，对孩子的骨骼和牙齿发育十分有益。香菇的香和鸡肉的鲜很配，搭在一起做出来的辅食特别棒。

材料 大米 30 g，
鸡胸肉 20 g，
香菇 10 g，
水 250 mL

所需时间约 **25** 分钟

做法

❶ 将大米在水中充分浸泡 30 分钟以上，沥干水分后，在石臼里捣成原来颗粒大小的 1/3。

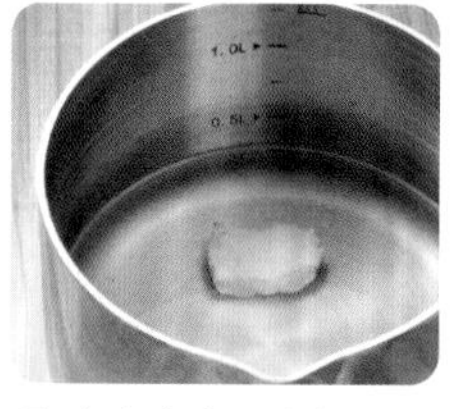

❷ 鸡肉去皮、去筋、去脂肪，入沸水焯 3 分钟左右，使之熟透。

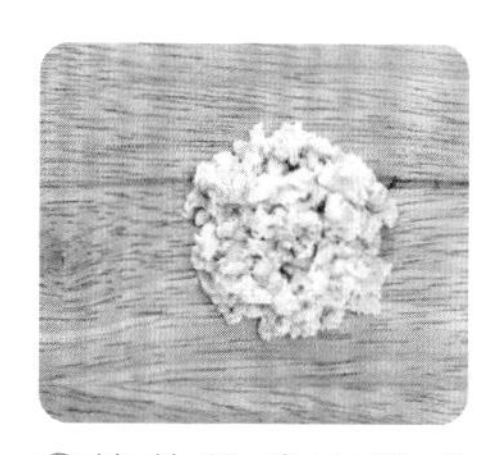

❸ 焯熟的鸡肉切成 2 mm^3 左右的丁。

❹ 香菇切去菌柄，洗净后入沸水焯 2 分钟左右。

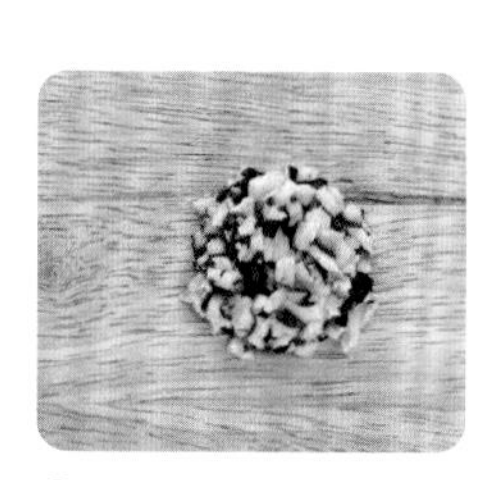

❺ 焯好的香菇切成 3 mm^3 左右的丁。

❻ 将大米和香菇、鸡胸肉放入适量的水中，边用饭勺不停地搅动，边煮 7~8 分钟，直至将米粒煮烂。

糯米大枣粥

大枣性温，能增强人体免疫力，对预防和改善感冒有很好的作用，尤其对呼吸系统疾病有良好的调理效果。天气变凉或感冒之初，宝宝因鼻子不舒服而睡不好觉的时候，可以给他（她）吃一点。

材料 糯米 40 g，
大枣 5 g，
水 250 mL

所需时间约 **20** 分钟

做法

❶ 将糯米在水中充分浸泡 30 分钟以上，沥干水分后，在石臼里捣成原颗粒大小的 1/3。

❷ 大枣洗净后在水里泡 10 分钟左右。

❸ 泡好的大枣转着圈切，去皮和核。

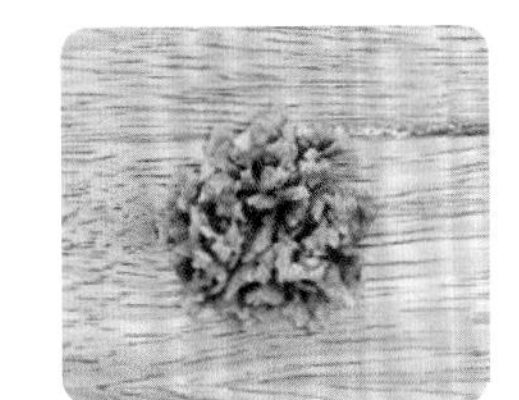

❹ 把大枣肉切成 1 mm^3 左右的丁。

❺ 将糯米和大枣放入适量的水中，边用饭勺不停地搅动，边煮 7~8 分钟，直至将米粒煮烂。

小窍门

鲜大枣可能会引起腹泻，宝宝满周岁之前，最好使用干大枣。

鸡蛋蔬菜粥

蔬菜粥中加入鸡蛋口感会变柔软很多，这款辅食特别适合成长期的婴儿。不过蛋清有可能会引起过敏，因此，辅食中期的时候只能给宝宝喂蛋黄。

材料 大米 30 g，
鸡蛋黄 1/2 个，
胡萝卜 10 g，
西葫芦 10 g，
水 250 mL

所需时间约 **30** 分钟

如果觉得蛋黄和蛋清不好分离，可以把鸡蛋煮熟后再把蛋黄分出来，然后在滤网上过一遍。这样就方便多了。

做法

❶ 将大米在水中充分浸泡 30 分钟以上，沥干水分后，在石臼里捣成原来颗粒大小的 1/3。

❷ 把鸡蛋在流动的水下面洗干净，除去表面的脏东西后入沸水煮 15 分钟左右。

❸ 煮熟的鸡蛋取出蛋黄，在滤网上过一遍。

❹ 胡萝卜去皮后洗净，西葫芦洗净，入沸水焯 2 分钟左右，捞出备用。

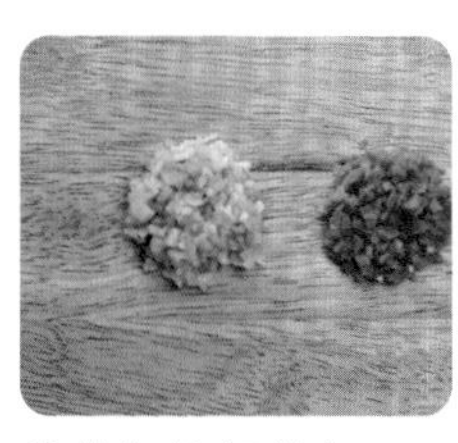

❺ 焯好的胡萝卜和西葫芦切成 3 mm^3 左右的丁。

❻ 将大米和蛋黄、胡萝卜、西葫芦放入适量的水中，边用饭勺不停地搅动，边煮 7~8 分钟，直至将米粒煮烂。

土豆菠菜粥

菠菜可以让骨骼强壮，预防贫血。土豆含有丰富的碳水化合物和维生素。辅食中经常加入类似菠菜的蔬菜，可以很好地预防孩子偏食。

材料 大米 30 g，
菠菜 10 g，
土豆 20 g，
水 250 mL

所需时间约 **25** 分钟

做法

❶ 将大米在水中充分浸泡 30 分钟以上，沥干水分后，在石臼里捣成原来颗粒大小的 1/3。

❷ 土豆去皮后洗净，放入烧开的蒸器中蒸 10 分钟左右。

❸ 将蒸熟的土豆压成泥。

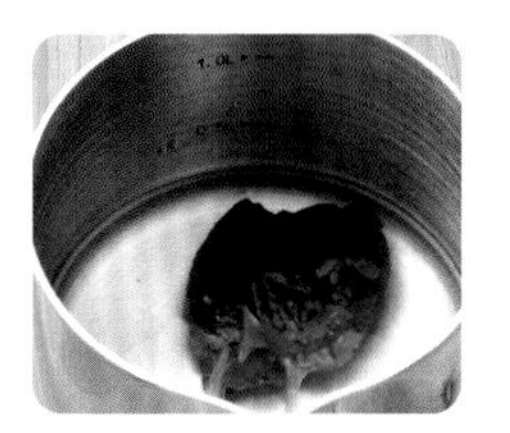

❹ 菠菜洗净后取叶子部分，入沸水中焯 30 秒左右。

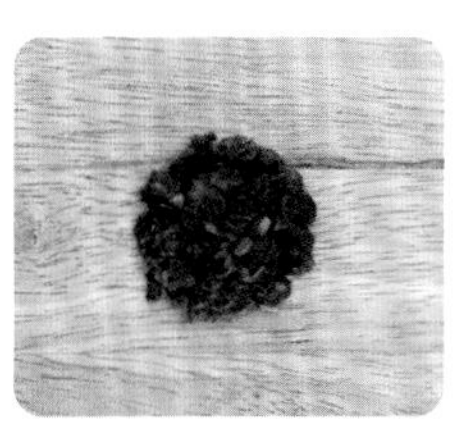

❺ 焯好的菠菜切成长 3 mm 左右的碎片。

❻ 将大米和土豆、菠菜放入适量的水中，边用饭勺不停地搅动，边煮 7~8 分钟，直至将米粒煮烂。

带鱼嫩豆腐粥

这款辅食既含有白色肉鱼的蛋白质，又含有豆腐的植物性蛋白，是营养满分的食物。豆腐的水分较多，鱼肉鲜嫩，这款辅食口感十分出色。

材料 大米 30 g，
带鱼 20 g，
嫩豆腐 20 g，
水 250 mL

所需时间约 **25** 分钟

做法

❶ 将大米在水中充分浸泡 30 分钟以上，沥干水分后，在石臼里捣成原来颗粒大小的 1/3。

❷ 将带鱼切成段，在流水下洗干净后放入烧开的蒸器中蒸 10 分钟左右。

❸ 蒸好的鱼肉除去皮和刺后剁细。

❹ 将嫩豆腐入沸水焯 1 分钟左右，放在滤网上沥干水分。

❺ 焯好的嫩豆腐压成泥。

❻ 将大米和带鱼、嫩豆腐放入适量的水中，边用饭勺不停地搅动，边煮 7~8 分钟，直至将米粒煮烂。

胡萝卜口蘑粥

口蘑含有丰富的消化酶、膳食纤维、维生素D，与胡萝卜搭配，不仅颜色漂亮，还能使宝宝的咀嚼功能得到锻炼。

材料 大米 30 g，
胡萝卜 15 g，
口蘑 15 g，
水 250 mL

所需时间约 **20** 分钟

做法

❶ 将大米在水中充分浸泡 30 分钟以上，沥干水分后，在石臼里捣成原来颗粒大小的 1/3。

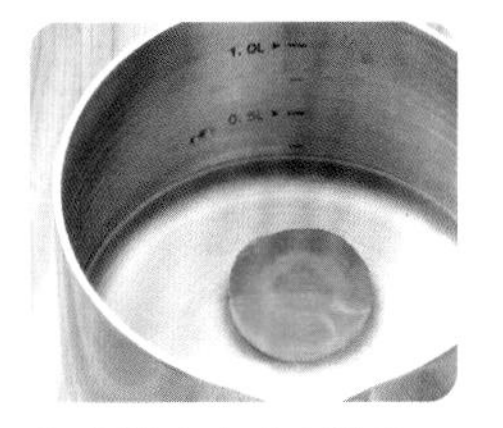

❷ 胡萝卜去皮后洗净，入沸水焯 3 分钟左右。

❸ 焯好的胡萝卜切成 3 mm^3 左右的丁。

❹ 去掉口蘑的菌柄，洗净后入沸水焯 2 分钟左右。

❺ 焯好的口蘑切成 3 mm^3 左右的丁。

❻ 将大米和胡萝卜、口蘑放入适量的水中，边用饭勺不停地搅动，边煮 7~8 分钟，直至将米粒煮烂。

牛肉萝卜粥

牛肉跟萝卜是两种非常适合搭配的食物。白萝卜被称作天然的消食良药，它能使牛肉的肉质软嫩，帮助消化吸收。

材料 大米 30 g，
牛里脊肉 20 g，
白萝卜 10 g，
水 250 mL

所需时间约 **25** 分钟

做法

❶ 将大米在水中充分浸泡 30 分钟以上，沥干水分后，在石臼里捣成原来颗粒大小的 1/3。

❷ 牛肉在冷水中浸泡 20 分钟，泡去血水，用水洗净后，入沸水焯 3 分钟左右。

❸ 焯熟的牛肉切成 2 mm^3 左右的丁。

❹ 白萝卜去皮后洗净，然后入沸水焯 2 分钟左右。

❺ 焯好的白萝卜切成 3 mm^3 左右的丁。

❻ 将大米和牛肉、白萝卜放入适量的水中，边用饭勺不停地搅动，边煮 7~8 分钟，直至将米粒煮烂。

香蕉燕麦粥

燕麦片是由燕麦加工出来的，含有丰富的膳食纤维，蛋白质的含量也较高，且容易消化，是一种宝宝爱吃的食物。跟香蕉搭配在一起，做出来的粥口感柔滑，深受孩子喜爱。

材料 燕麦片 30 g，
香蕉 30 g，
水 250 mL

所需时间约 **15** 分钟

做法

① 将洗净的燕麦片沥干水分，用石臼捣细。

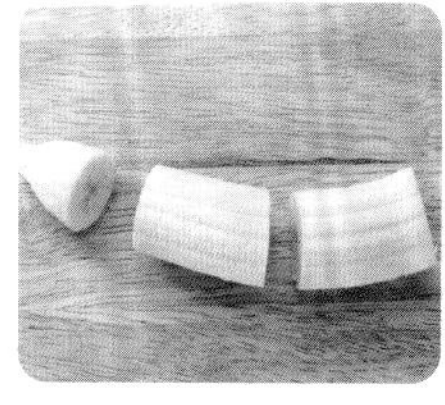

② 香蕉去皮后，去掉两端，留下中间部分备用。

③ 将香蕉压成泥。

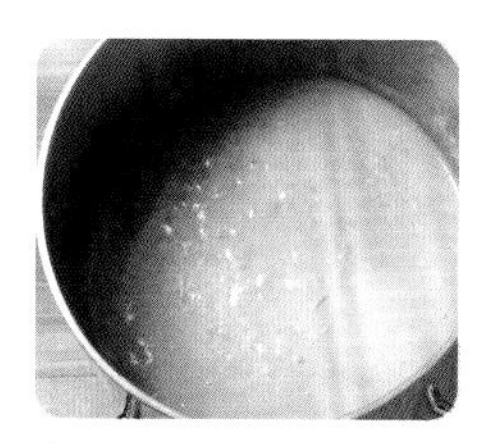

④ 将燕麦片和香蕉放入适量的水中，边用饭勺不停地搅动，边煮 7~8 分钟，直至将米粒煮烂。

黑米菠菜粥

中期辅食开始就可以使用各种谷物了。黑米含有花青素，能帮助消化，且有抗氧化的作用；此外还含有丰富的膳食纤维，对预防便秘、增强体质都有很好的效果。

材料 大米 20 g，
黑米 10 g，
菠菜 20 g，
水 250 mL

所需时间约 **15** 分钟

黑米比大米含有更多的膳食纤维、维生素、矿物质，但是黑米颗粒较硬，对宝宝来说不太容易消化，因此需充分浸泡后再使用。

做法

❶ 大米在水中浸泡 30 分钟，黑米浸泡 2 个小时。

❷ 泡好的米沥干水分后，在石臼里捣成原来颗粒大小的 1/3。

❸ 菠菜取叶子部分，洗净后入沸水焯 30 秒左右。

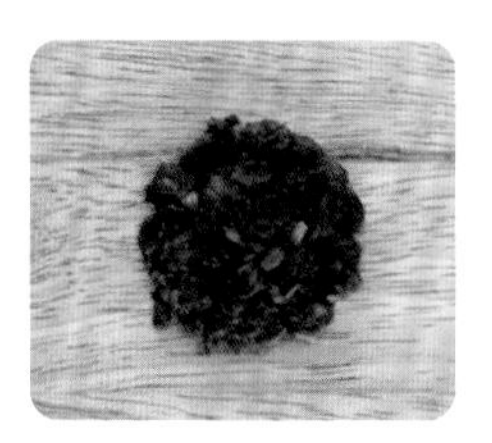

❹ 焯好的菠菜切成长 3 mm 左右的碎片。

❺ 将大米和黑米、菠菜放入适量的水中，边用饭勺不停地搅动，边煮 7~8 分钟，直至将米粒煮烂。

洋葱蘑菇粥

洋葱含有丰富的蛋白质和钙，其中的一种辛香辣味油脂能令洋葱散发出独特的辣味，这种成分能促进消化和新陈代谢。辣味消失后出来的便是甜味，因此比较适合制作辅食。

材料 大米 30 g，
口蘑 10 g，
香菇 10 g
洋葱 15 g，
水 250 mL

所需时间约 **15** 分钟

做法

❶ 将大米在水中充分浸泡 30 分钟以上，沥干水分后，在石臼里捣成原来颗粒大小的 1/3。

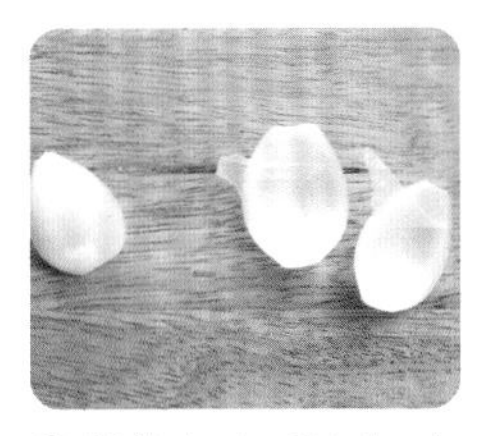

❷ 洋葱去皮后洗净，去掉内皮。

❸ 处理好的洋葱入沸水焯 2 分钟左右，捞出沥干水，切成 3 mm^3 左右的丁。

❹ 口蘑去掉菌柄和外皮，香菇去掉菌柄，处理好之后入沸水焯 2 分钟左右。

❺ 焯好的蘑菇切成 3 mm^3 左右的丁。

❻ 将大米和洋葱、口蘑、香菇放入适量的水中，边用饭勺不停地搅动，边煮 7~8 分钟。

用洋葱制作辅食的时候，需要把里面的内皮也完全去除，这样宝宝才容易吃。

牛肉蔬菜粥

牛肉富含蛋白质和铁，因此跟无机质含量较高的蔬菜是很好的搭配。这款辅食是一道极容易制作的代表性粥类辅食。可以逐渐减少水的用量，为宝宝进入稀饭阶段做准备。

材料 大米 30 g，
牛里脊肉 20 g，
胡萝卜 10 g，
西葫芦 10 g，
水 200~250 mL

所需时间约 **25** 分钟

做法

❶ 将大米在水中充分浸泡 30 分钟以上，沥干水分后，在石臼里捣成原来颗粒大小的 1/3。

❷ 牛肉在冷水中浸泡 20 分钟，泡去血水，用水洗净后，入沸水焯 3 分钟左右。

❸ 焯熟的牛肉切成 2 mm^3 左右的丁。

❹ 胡萝卜去皮后洗净，西葫芦洗净，放入沸水焯 2 分钟左右后捞出备用。

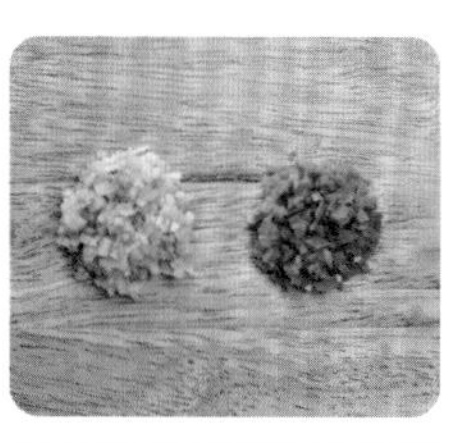

❺ 焯好的胡萝卜和西葫芦切成 3 mm^3 左右的丁。

❻ 将大米和牛肉、胡萝卜、西葫芦放入适量的水中，边用饭勺不停地搅动，边煮 7~8 分钟，直至将米粒煮烂。

糯米黑芝麻粥

黑芝麻含有大量的能促进大脑发育的卵磷脂成分，能帮助宝宝提高记忆力。虽然黑芝麻很香，但是宝宝也可能会不喜欢这么浓郁的香味，所以制作食物的时候要少放一点。

材料 糯米 40 g，
黑芝麻 5 g，
水 200 ~ 250 mL

所需时间约 **15** 分钟

做法

❶ 将糯米在水中充分浸泡 30 分钟以上，沥干水分后，在石臼里捣成原颗粒大小的 1/3。

❷ 将平底锅烧热，放入黑芝麻，稍微炒一下。

❸ 炒好的黑芝麻用石臼捣细。

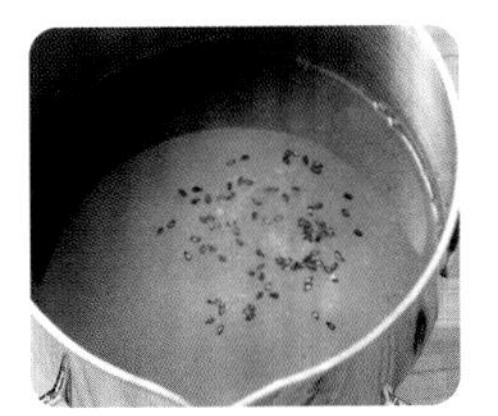

❹ 将糯米和黑芝麻放入适量的水中，开大火烧开，不停地搅动。

❺ 烧开后，转中火，边用饭勺不停地搅动，边煮 7~8 分钟，直至将米粒煮烂。

豆腐梨子粥

豆腐口味清淡，梨味道甘甜，孩子会开心食用。两种食材都能助消化，便秘的孩子吃一点，对身体非常好。

材料 大米 30 g，
豆腐 15 g，
梨 15 g，
水 200~250 mL

所需时间约 **15** 分钟

做法

❶ 将大米在水中充分浸泡 30 分钟以上，沥干水分后，在石臼里捣成原来颗粒大小的 1/3。

❷ 将豆腐入沸水焯 1 分钟左右，然后放在滤网上沥干水分。

❸ 把焯好的豆腐压成泥。

❹ 梨洗净后去皮，去核，然后在礤菜板上擦细。

❺ 将大米和豆腐、梨放入适量的水中，边用饭勺不停地搅动，边煮 7~8 分钟，直至将米粒煮烂。

小窍门

剩下的豆腐浸在水里，然后放入冰箱冷藏保存。但是保存时间不能过长，最好随做随吃。

鸡胸肉栗子粥

栗子的营养比较全面，是一种补品，只有充分做熟后给孩子吃才不会带来消化负担，所以一定要仔细操作。

材料 大米 30 g，
鸡胸肉 20 g，
栗子 10 g，
水 200~250 mL

所需时间约 **25** 分钟

做法

❶ 将大米在水中充分浸泡 30 分钟以上，沥干水分后，在石臼里捣成原来颗粒大小的 1/3。

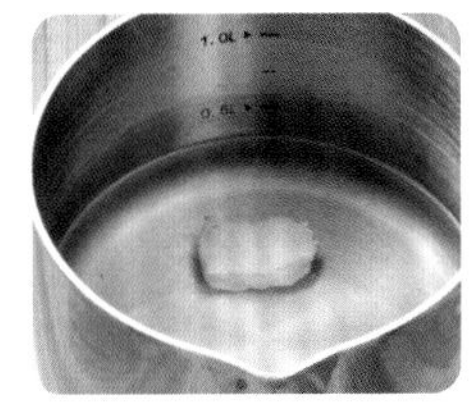

❷ 鸡肉去皮、去筋、去脂肪，入沸水焯 3 分钟左右，使之熟透。

❸ 焯熟的鸡肉切成 2 mm^3 左右的丁。

❹ 剥好的栗子还要除去里面的那层内皮，然后洗净。

❺ 将栗子放在烧开的蒸器里蒸 10 分钟，然后用石臼捣细。

❻ 将大米和鸡肉、栗子放入适量的水中，边用饭勺不停地搅动，边煮 7~8 分钟，直至将米粒煮烂。

胡萝卜西葫芦粥

西葫芦一年四季都可以买到，但是 3～10 月生长的才是应季的西葫芦。时令蔬菜的营养丰富、味道鲜美，适合作为辅食制作的主要原料。

材料 大米 15 g，
胡萝卜 10 g，
西葫芦 20 g，
水 200~250 mL

所需时间约 **20** 分钟

做法

❶ 将大米在水中充分浸泡 30 分钟以上，沥干水分后，在石臼里捣成原来颗粒大小的 1/3。

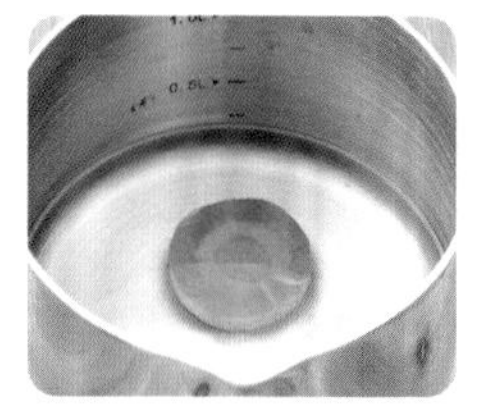

❷ 胡萝卜去皮后洗净，然后入沸水焯 3 分钟左右。

❸ 焯好的胡萝卜切成 3 mm^3 左右的丁。

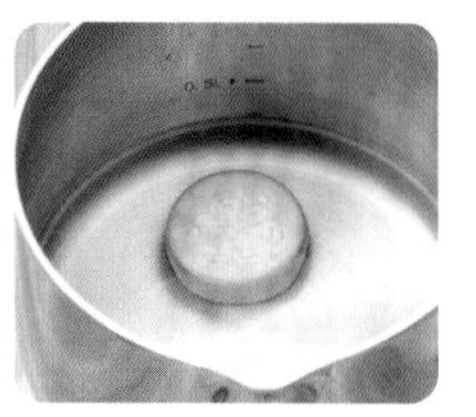

❹ 西葫芦洗净后入沸水焯 2 分钟左右。

❺ 焯好的西葫芦切成 3 mm^3 左右的丁。

❻ 将大米和胡萝卜、西葫芦放入适量的水中，边用饭勺不停地搅动，边煮 7~8 分钟，直至将米粒煮烂。

鳕鱼秋葵粥

秋葵是一种对人体生长发育十分有益的食材。由于秋葵含有较多的纤维素，所以不容易消化。去掉茎后，把叶子部分在水中揉搓着洗净后使用。

材料 大米 30 g，
鳕鱼 20 g，
秋葵 10 g，
水 200 ~ 250 mL

所需时间约 **25** 分钟

做法

❶ 将大米在水中充分浸泡 30 分钟以上，沥干水分后，在石臼里捣成原来颗粒大小的 1/3。

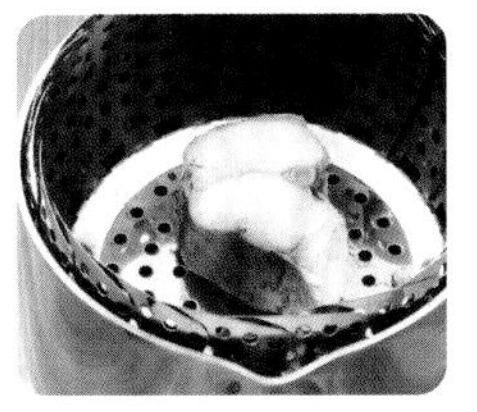

❷ 将鳕鱼切成段，在流水下洗干净，放入烧开的蒸器中蒸 10 分钟左右。

❸ 蒸好的鱼肉除去皮和刺后剁细。

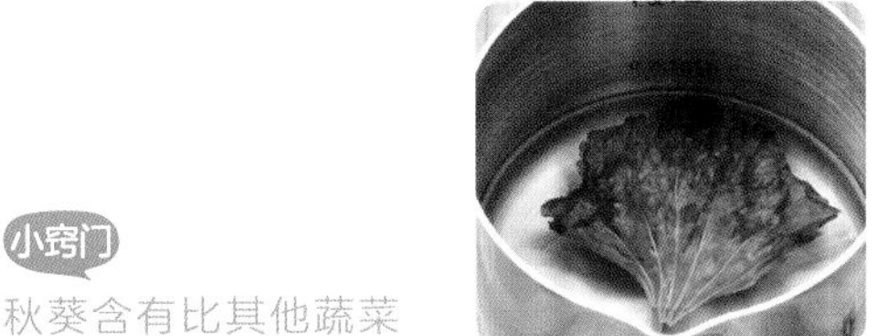

❹ 秋葵只取叶子部分，在流水下轻轻揉搓洗净后，入沸水焯 3 分钟左右。

❺ 焯好的秋葵叶切成长 3 mm 左右的碎片。

❻ 将大米和鳕鱼、秋葵放入适量的水中，边用饭勺不停地搅动，边煮 7~8 分钟，直至将米粒煮烂。

小窍门

秋葵含有比其他蔬菜更多的膳食纤维，因此要充分焯水后再用来制作食物。

牛肉豌豆粥

在豆类当中，豌豆含有的蛋白质和膳食纤维较多，跟牛肉一起搭配可以制作出蛋白质和维生素满满的辅食。

材料 大米 30 g，
牛里脊肉 20 g，
豌豆 10 g，
水 200~250 mL

所需时间约 **25** 分钟

做法

❶ 将大米在水中充分浸泡 30 分钟以上，沥干水分后，在石臼里捣成原来颗粒大小的 1/3。

❷ 牛肉冷水浸泡 20 分钟，泡去血水，洗净，入沸水焯 3 分钟左右，焯熟。

❸ 焯熟的牛肉切成 2 mm^3 左右的丁。

❹ 豌豆洗净后入沸水煮 10 分钟左右。

❺ 煮熟的豌豆去皮后用石臼捣细。

❻ 将大米和牛肉、豌豆放入适量的水中，边用饭勺不停地搅动，边煮 7~8 分钟，直至将米粒煮烂。

豌豆的时令季节是夏季，在别的季节很难买到。因此最好在时令季节买回，处理一下煮熟后，放入冰箱冷冻室。

香菇栗子粥

香菇含有丰富的维生素D，能促进人体对钙和磷的吸收。栗子富含无机质和维生素C。两种食材互为补充，是很好的搭配。

材料 大米 30 g，
香菇 20 g，
栗子 10 g，
水 200~250 mL

所需时间约 **25** 分钟

做法

❶ 将大米在水中充分浸泡 30 分钟以上，沥干水分后，在石臼里捣成原来颗粒大小的 1/3。

❷ 香菇去掉菌柄后洗净，然后入沸水焯 2 分钟左右。

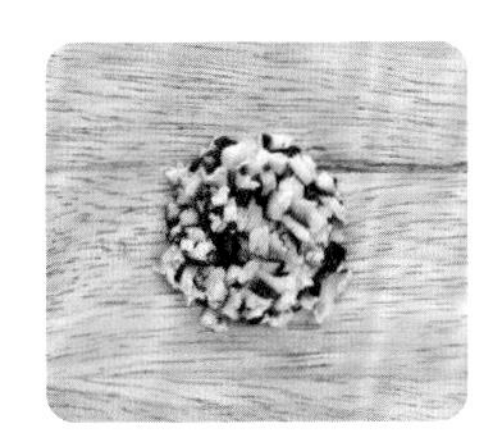

❸ 焯好的香菇切成 3 mm^3 左右的丁。

❹ 栗子剥去外壳，内皮也要剥去，然后洗净。

❺ 洗干净的栗子放入烧开的蒸器中蒸 10 分钟左右，然后用石臼捣细。

❻ 将大米和香菇、栗子放入适量的水中，边用饭勺不停地搅动，边煮 7~8 分钟，直至将米粒煮烂。

小窍门

干香菇在水里泡发后焯水，会释放更多的维生素 D。栗子可以捣细后在滤网上过一遍再操作。

蔬菜粥

手边缺少辅食食材的时候，试试这一款食物吧。这款食物能让宝宝更加熟悉蔬菜的味道。如果想增添营养，可以用肉类高汤代替水。

材料 大米 30 g，
胡萝卜 5 g，
洋葱 5 g，
西葫芦 5 g，
水 200~250 mL

所需时间约 **25** 分钟

小窍门

如果胡萝卜、洋葱、西葫芦都没有准备，也可以只用两种蔬菜，如用蘑菇和土豆就很好了。

做法

❶ 将大米在水中充分浸泡 30 分钟以上，沥干水分后，在石臼里捣成原来颗粒大小的 1/3。

❷ 胡萝卜和洋葱去皮后洗净，西葫芦洗净，然后一起放入沸水中焯 2 分钟左右。

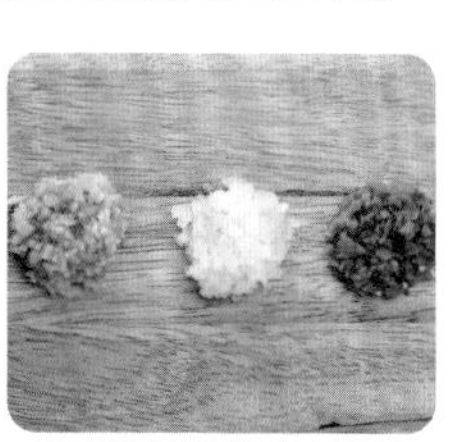

❸ 焯好的胡萝卜、洋葱、西葫芦切成 3 mm^3 左右的丁。

❹ 将大米和胡萝卜、洋葱、西葫芦放入适量的水中，边用饭勺不停地搅动，边煮 7~8 分钟，直至将米粒煮烂。

鸡胸肉南瓜粥

鸡肉再怎么收拾也会有腥味。如果把鸡肉和南瓜（绿皮）一起料理，就可以把腥味去掉了，而且味道也更鲜，所以宝宝会非常爱吃。

材料 大米 30 g，
鸡胸肉 20 g，
南瓜(绿皮)10 g，
水 200~250 mL

所需时间约 **25** 分钟

做法

❶ 将大米在水中充分浸泡 30 分钟以上，沥干水分后，在石臼里捣成原来颗粒大小的 1/3。

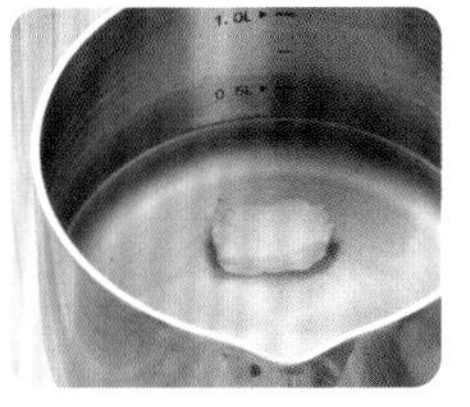

❷ 鸡肉去皮、去筋、去脂肪，入沸水焯 3 分钟左右，使之熟透。

❸ 焯熟的鸡肉切成 2 mm³ 左右的丁。

❹ 南瓜洗净后除去里面的瓤，然后带着皮在烧开的蒸器中蒸 10 分钟左右。

❺ 蒸熟的南瓜去皮后压成泥。

❻ 将大米和鸡肉、南瓜放入适量的水中，边用饭勺不停地搅动，边煮 7~8 分钟，直至将米粒煮烂。

小窍门

如果不喜欢鸡肉的腥味，可以把鸡肉在牛奶中浸泡 30 分钟后再操作。

鳕鱼海带粥

鳕鱼是典型的白色肉鱼，很好蒸，鱼肉也很容易软烂，是很好的辅食食材。海带去掉硬的部分，只用比较柔软的部分。

材料 大米 30 g，
鳕鱼 20 g，
海带 5 g，
水 200~250 mL

所需时间约 **25** 分钟

做法

❶ 将大米在水中充分浸泡 30 分钟以上，沥干水分后，在石臼里捣成原来颗粒大小的 1/3。

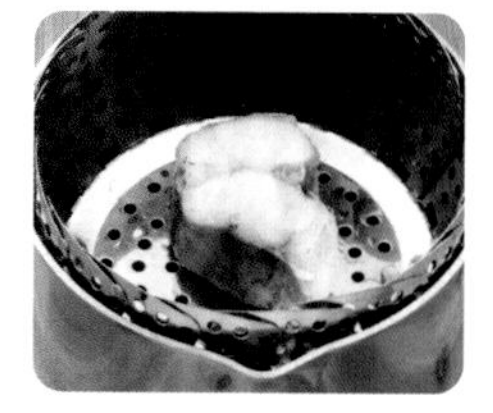

❷ 将鳕鱼切成段，在流水下洗干净，放入烧开的蒸器中蒸 10 分钟左右。

❸ 蒸好的鱼肉除去皮和刺后剁细。

❹ 海带在水中泡 10 分钟左右。

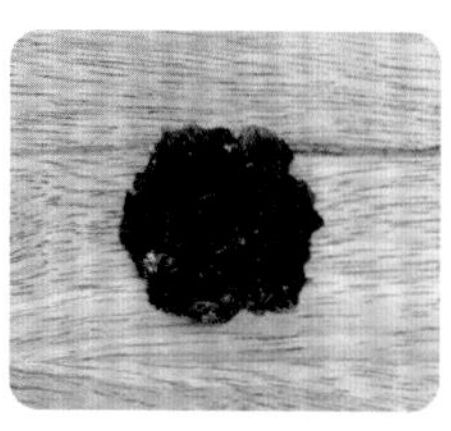

❺ 泡过的海带在水中揉洗干净后，切成长 2 mm 左右的碎片。

❻ 将大米和鳕鱼、海带放入适量的水中，边用饭勺不停地搅动，边煮 7~8 分钟，直至将米粒煮烂。

南瓜奶粉粥

在南瓜（绿皮）中加入奶粉，口感柔滑甜美。对食欲不振或患病初愈的宝宝来说，这款辅食再好不过了。

材料 大米 15 g，
南瓜(绿皮)30 g，
奶粉 30 g，
温水 200~250 mL

所需时间约 **25** 分钟

做法

❶ 将大米在水中充分浸泡 30 分钟以上，沥干水分后，在石臼里捣成原来颗粒大小的 1/3。

❷ 南瓜洗净后去掉里面的瓤，带皮放入烧开的蒸器中蒸 10 分钟左右。

❸ 蒸熟的南瓜去皮后压成泥。

❹ 用 200~250 mL 温水把奶粉冲开。

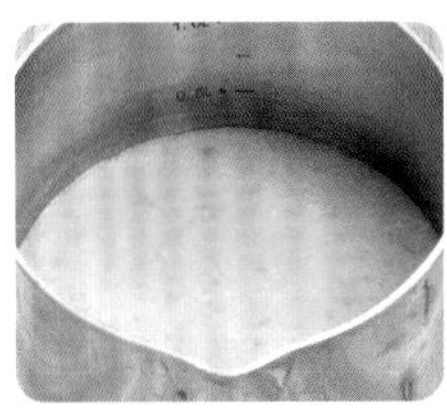

❺ 将大米和南瓜放入泡好的奶粉中，边用饭勺不停地搅动，边煮 7~8 分钟，直至将米粒煮烂。

奶粉含有丰富的钙，适合用于制作辅食。用温水冲泡，奶粉更易溶解，节省操作时间。

中期零食

南瓜苹果沙拉

材料　南瓜（绿皮）30 g，苹果 30 g，水 1 大勺

做法

❶ 南瓜洗净后去掉里面的瓤，然后带着皮在烧开的蒸器中蒸 15 分钟左右。

❷ 蒸熟的南瓜去皮后用压碎器压成泥。

❸ 苹果洗净后去皮，去核，然后用礤菜板擦细。

❹ 将苹果放入适量的水中，开小火，一边煮一边用勺子不停地搅动，直至浓度合适。放入南瓜，用饭勺搅拌均匀。

土豆沙拉

材料　土豆 50 g，西葫芦 10 g

做法

❶ 土豆去皮后洗净，然后在烧开的蒸器中蒸 10 分钟左右。

❷ 蒸熟的土豆去皮后用压碎器压成泥。

❸ 西葫芦洗净，入沸水焯 3 分钟左右。

❹ 焯好的西葫芦切成 3 mm^3 左右的丁。

❺ 用饭勺用力把土豆和西葫芦压成泥并拌匀。

香蕉土豆汤

材料　香蕉 50 g，土豆 30 g，胡萝卜 5 g，水 200 mL

做法

❶ 香蕉去皮后只取中段果肉，然后用压碎器压成泥。

❷ 土豆去皮后洗净，放入烧开的蒸器中蒸 10 分钟左右，然后用压碎器压成泥。

❸ 胡萝卜去皮后洗净，入沸水焯 2 分钟左右，捞出沥干水，切成 3 mm^3 左右的丁。

❹ 把香蕉、土豆、胡萝卜放入适量的水中，一边搅动，一边煮 5~6 分钟，直至汤变得浓稠。

南瓜鸡蛋布丁

材料　蛋黄 1 个，南瓜（绿皮）20 g，苹果 20 g，水 50 mL，奶粉 5 g

做法

❶ 南瓜去掉里面的瓤后带着皮在烧开的蒸器中蒸 15 分钟左右，然后去皮，用捣碎器压成泥。

❷ 苹果洗净后去皮，去核，然后在礤菜板上擦细。

❸ 从鸡蛋中分离出蛋黄，用冲好的奶粉泡开蛋黄液后在滤网上过一遍。

❹ 将 ❸ 和南瓜、苹果放在碗里混合到一起。

❺ 用锡箔纸将碗盖住，放入烧开的蒸器中蒸 15 分钟左右。

第四章

10~12 个月后期辅食

“像大人一样一天吃三次软饭。”

这时，宝宝的牙龈已经变得很强壮，前牙也已经出了 4~8 颗。宝宝虽然还无法咀嚼很硬的食物，但是已经可以用牙龈将食物咬碎，然后慢慢品尝食物的味道了。宝宝的消化功能也比较发达了，之前一直作为主要食物的母乳或奶粉的量，现在可以慢慢减少了，同时一天要喂足三顿辅食。这段时间如果一直没有出现过敏现象，妈妈可以利用多种食材，让孩子适应新食物的味道。

后期辅食的注意点

这一时期添加的辅食，不但需要给宝宝补充营养，还要补充能量。
增加辅食的量，一天要让宝宝吃够 3 次饭。

☑ 稀饭、软饭

前半段时间喂稀饭，慢慢转为软饭。

☑ 蛋白质

蛋白质的摄入非常重要，一天至少要保证 1 次牛肉、鸡肉或白色鱼肉。

☑ 一日三次

每天 3 次，在固定的时间（如 8 点、12 点、18 点）喂食。宝宝可能会闹着玩，要把吃饭时间控制在 30 分钟以内。

☑ 零食

一天 2 次，两顿饭之间喂 1 次零食，为宝宝补充能量。

☑ 哺乳量

一天 3 次，通过母乳或奶粉为宝宝补充能量，逐渐减少奶量。

☑ 勺子

让宝宝自己抓住饭勺吃饭。虽然会因抓不牢勺子而把食物弄得到处都是，但妈妈应保持耐心。

☑ 婴儿湿疹

如果宝宝有湿疹，最好晚些喂鲜牛奶。

后期辅食，请这样来喂

- 在固定的地点、固定的时间，让宝宝安坐在婴儿餐椅上吃饭。最好让孩子养成跟大人一起吃饭的习惯。
- 允许孩子自己拿着饭勺或叉子吃东西。
- 可以给孩子一些熟的土豆块、红薯块、苹果块等零食，让他（她）用手拿着吃。
- 正式开始训练孩子用杯子喝水。引导孩子学习用小杯子喝母乳、奶粉或水等。

❶ 一口一口嚼细吃

❷ 好吃～

❸ 咕嘟咕嘟来喝水

后期辅食一天量表（一天3次）

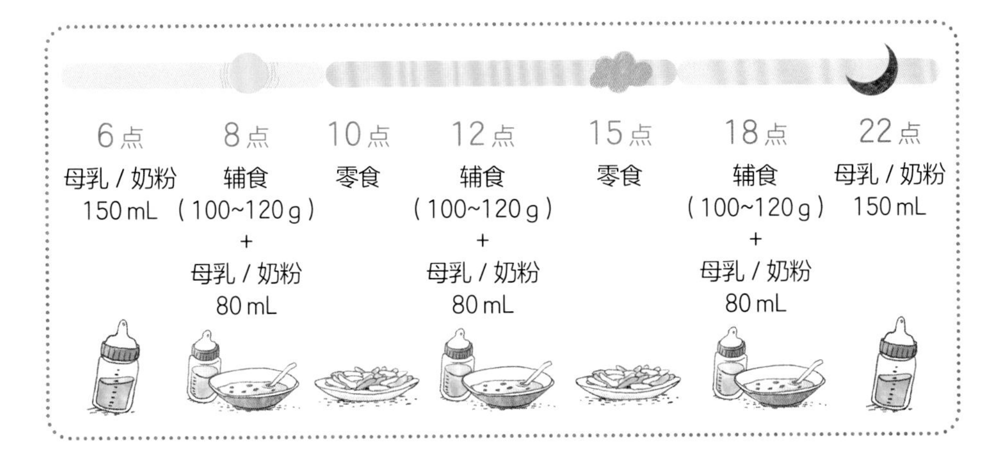

6点	8点	10点	12点	15点	18点	22点
母乳 / 奶粉 150 mL	辅食（100~120 g）+ 母乳 / 奶粉 80 mL	零食	辅食（100~120 g）+ 母乳 / 奶粉 80 mL	零食	辅食（100~120 g）+ 母乳 / 奶粉 80 mL	母乳 / 奶粉 150 mL

后期辅食食材介绍

在中期辅食食材的基础上，可以加上黄豆芽、绿豆芽、韭菜、莲藕、秋葵、彩椒等蔬菜，以及虾、小银鱼、紫菜、海青菜、海带等海产品，还有黑芝麻、奶酪等食物。把食物切成宝宝用牙龈可以嚼碎的大小再做成辅食，宝宝就能轻松享用了。

大麦 / 糙米 四季

含有丰富的膳食纤维，能预防便秘。颗粒较硬，不易消化，使用前要在水中充分浸泡。

高粱 应季 9~10 月

有保健胃肠、止泻、助消化的功效。

芝麻 应季 10~11 月

富含不饱和脂肪酸、钙、磷、维生素，对人体生长发育有很好的作用。

松仁 应季 8~12 月

是一种富含不饱和脂肪酸的健康食品。

鸡蛋 四季

含有人体生长所必需的氨基酸，以及脑细胞的组成成分——卵磷脂、铁、磷、维生素 A 等，是一种健康食品。

豆腐 四季

是一种富含植物蛋白的健康食材。尽量选择以国产或有机大豆为原材料的产品。

黄豆芽 四季

富含维生素 C 和膳食纤维，制作的时候要把头择掉。

绿豆芽 四季

富含 B 族维生素、膳食纤维和无机质。

茄子 应季 4~8 月
含钙量高，水分多，有利尿作用。

韭菜 应季 3~9 月
富含维生素 A，感冒时吃一点比较好。

莲藕 应季 3~10 月
含有丰富的维生素 C、铁和膳食纤维。莲藕还含有较多的鞣酸，有消炎止血的作用。

葱 应季 9~12 月
含有丰富的铁、维生素、钙和磷，能缓解感冒症状。

彩椒 应季 5~7 月
比其他蔬菜含有的维生素 A、维生素 C 更多，是一种典型的抗氧化食品。

芸豆 应季 6~7 月
含有丰富的人体必需氨基酸，对成长期的孩子十分有益。

黑豆 应季 9~10 月
富含不饱和脂肪酸，有助于大脑发育。

小银鱼 应季 3~11 月
富含蛋白质、钙、无机质，有助于骨骼和牙齿发育。

虾 应季 9~12 月
含有丰富的钙、牛磺酸，有助于孩子的成长发育。注意可能会引起过敏。

海青菜 应季 12 月 ~ 次年 2 月
是一种富含钙、钾、碘和维生素的藻类。

海带 应季 7~9 月
含有丰富的膳食纤维，能预防便秘，抑制人体对重金属的吸收。

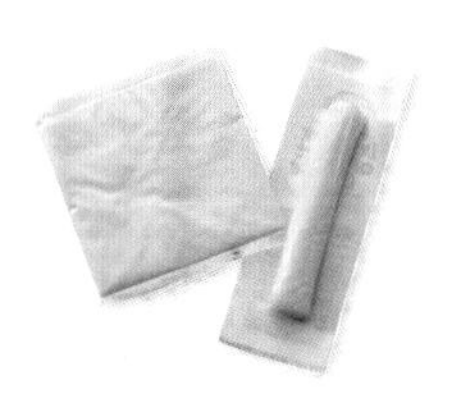

奶酪 四季
是一种蛋白质、脂肪、钙等营养成分含量丰富的食品。最好选用天然奶酪。

蓝背海鱼：蓝背海鱼虽含有较多对大脑发育有帮助的 DHA，但是容易引起过敏，最好周岁后再给宝宝吃。
牛奶：容易引起过敏和湿疹，周岁后喂食，且应注意观察宝宝的反应。
蜂蜜：可能含有肉毒杆菌芽孢，宝宝周岁后才可以吃。

后期辅食料理指南

大米

后期，开始给宝宝做稀饭吃，做饭就快多啦。一开始可以放 5 倍量的水，做成稀饭。后面就可以加 3 倍的水，做成软饭了。

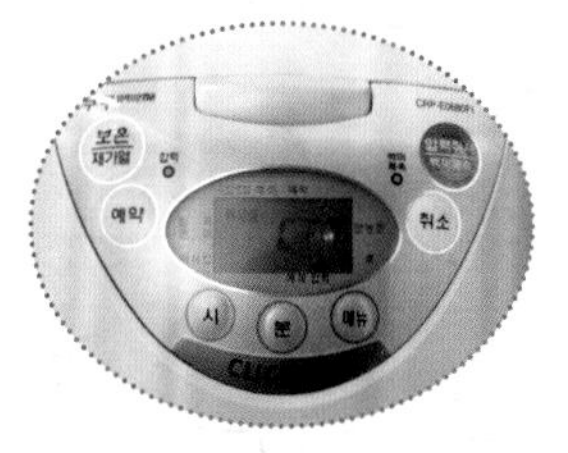

肉

后期，宝宝已经具备了一定的咀嚼能力。可把材料切成 5 mm^3 左右的肉丁后进行料理。牛肉需要除去血水，鸡肉应该除去肉筋。

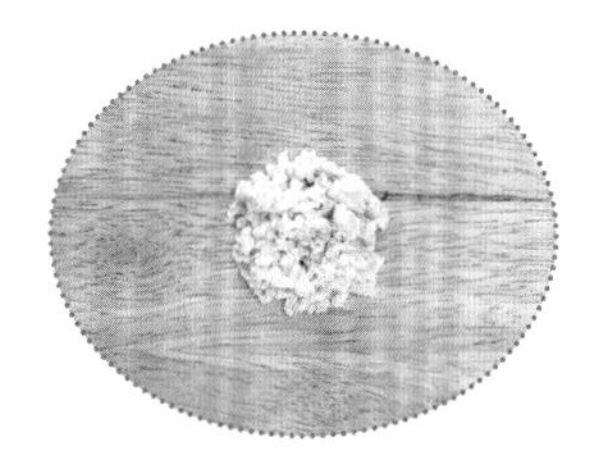

叶类蔬菜

蔬菜放入沸腾的水中，焯一下后，只取叶子部分，然后切成长 5 mm 左右的碎片再进行操作。

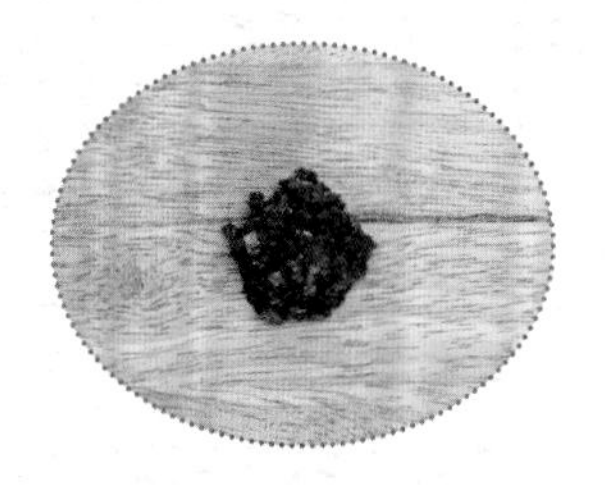

块状蔬菜

胡萝卜和白萝卜焯水后切成 5 mm^3 左右的小丁，红薯、胡萝卜、南瓜（绿皮）蒸熟后用压碎器压成泥后再操作。

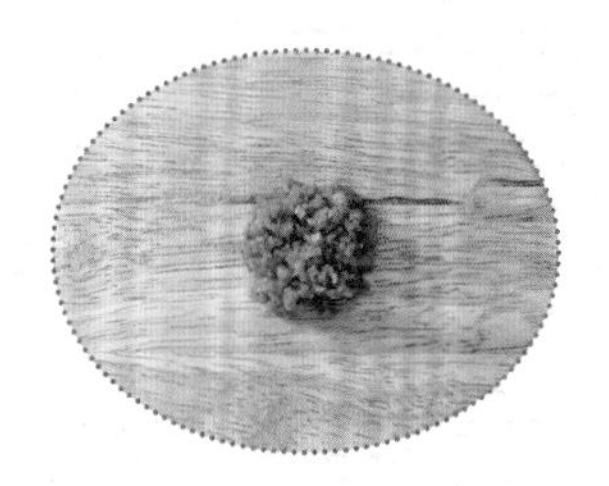

烹饪要点

如果没有时间做软饭，可以提前做好稀饭辅食。这样就可以大大减少做饭所用时间。后期，宝宝已经初步具备了咀嚼食物的能力，食物可以切成 5 mm^3 左右的丁或者长 5 mm 左右的碎片，让孩子感受咀嚼的乐趣。经常咀嚼还能促进孩子大脑的发育呢！

妈妈们的辅食经验谈

我家宝宝之前一直是纯母乳喂养，6个多月才开始添加辅食。都说后期就要开始训练宝宝咀嚼东西了，所以我把食物切得比中期时稍微大了一点，然后给他做成辅食。食物的块较大，宝宝已经可以自己用手抓着吃了，而且他非常喜欢吃，我也对制作辅食越来越感兴趣了。

成贤妈妈（宝宝10个月大）

据说从6个月开始就需要给宝宝补铁了，所以我每天都喂孩子吃肉。用的一般都是牛肉的里脊部分或鸡胸肉。用牛肉制作辅食的时候一般会加入白萝卜和梨。牛肉萝卜汤味道极好，特别香，而且稍微带点甜味，孩子很爱喝。调味品方面我没有用盐，而换成了酱油，还会放一点韭菜，跟肉类是很好的搭配。如果每次都喂牛肉，孩子会吃腻的，所以有时我会换成鱼肉。

志浩妈妈（宝宝11个月大）

孩子在早期和中期辅食都吃得马马虎虎，进入后期更不好好吃了。不是吐出来就是各种调皮……虽然心里知道这个时期的宝宝可能对食物比较好奇，喜欢调皮，但是吃得也太少了，我为此很担心。后来我听说，如果用高汤制作食物，宝宝就会爱吃。之前我嫌麻烦，都不煮高汤，直接用白水给孩子做辅食，这次做了牛肉高汤和海带高汤，喂了一下，孩子果然吃得挺好的。

唯河妈妈（宝宝12个月大）

后期 10~11 个月龄的辅食食谱日历

上午 / 下午 / 晚上 辅食 3 次（8 点 /12 点 /18 点 辅食 100~120 g）+ 零食 2 次（10 点 /15 点）

上午　下午　晚上

周一	周二	周三	周四	周五	周六	周日
莲藕蔬菜稀饭 菠菜奶酪稀饭 莲藕蔬菜稀饭	菠菜奶酪稀饭 莲藕蔬菜稀饭 菠菜奶酪稀饭	虾仁韭菜稀饭 鸡胸肉口蘑稀饭 虾仁韭菜稀饭	鸡胸肉口蘑稀饭 虾仁韭菜稀饭 鸡胸肉口蘑稀饭	牛肉豆芽稀饭 莲藕蔬菜稀饭 菠菜奶酪稀饭	油菜豆腐稀饭 牛肉豆芽稀饭 油菜豆腐稀饭	南瓜豆芽稀饭 彩椒奶酪稀饭 南瓜豆芽稀饭
彩椒奶酪稀饭 南瓜豆芽稀饭 彩椒奶酪稀饭	牛肉黄瓜稀饭 栗子奶酪糯米稀饭 牛肉黄瓜稀饭	栗子奶酪糯米稀饭 牛肉黄瓜稀饭 栗子奶酪糯米稀饭	海带鲽鱼稀饭 洋葱红薯稀饭 海带鲽鱼稀饭	洋葱红薯稀饭 海带鲽鱼稀饭 洋葱红薯稀饭	蘑菇豆芽稀饭 鸡胸肉韭菜稀饭 蘑菇豆芽稀饭	鸡胸肉韭菜稀饭 蘑菇豆芽稀饭 鸡胸肉韭菜稀饭
发芽糙米牛肉稀饭 豆奶西蓝花稀饭 发芽糙米牛肉稀饭	豆奶西蓝花稀饭 发芽糙米牛肉稀饭 豆奶西蓝花稀饭	绿豆芽蔬菜稀饭 芸豆苹果稀饭 绿豆芽蔬菜稀饭	芸豆苹果稀饭 绿豆芽蔬菜稀饭 芸豆苹果稀饭	茄子豆腐稀饭 紫甘蓝黄豆芽稀饭 茄子豆腐稀饭	紫甘蓝黄豆芽稀饭 茄子豆腐稀饭 紫甘蓝黄豆芽稀饭	鸡胸肉紫甘蓝稀饭 秋葵牛肉稀饭 鸡胸肉紫甘蓝稀饭
秋葵牛肉稀饭 鸡胸肉紫甘蓝稀饭 秋葵牛肉稀饭	牛肉茄子稀饭 高粱彩椒奶酪稀饭 牛肉茄子稀饭	高粱彩椒奶酪稀饭 牛肉茄子稀饭 高粱彩椒奶酪稀饭	鳕鱼蔬菜稀饭 蘑菇洋葱稀饭 鳕鱼蔬菜稀饭	蘑菇洋葱稀饭 鳕鱼蔬菜稀饭 蘑菇洋葱稀饭	鸡胸肉芝麻稀饭 茄子洋葱奶酪稀饭 鸡胸肉芝麻稀饭	茄子洋葱奶酪稀饭 鸡胸肉芝麻稀饭 茄子洋葱奶酪稀饭

第 1 周 菜篮

莲藕、菠菜、虾、韭菜、鸡胸肉、口蘑、牛里脊肉、黄豆芽、油菜、豆腐、彩椒、南瓜（绿皮）

第 2 周 菜篮

牛里脊肉、黄瓜、栗子、海带、鲽鱼、红薯、香菇、口蘑、黄豆芽、鸡胸肉、韭菜

第 3 周 菜篮

发芽糙米、牛里脊肉、白萝卜、嫩豆腐、西蓝花、绿豆芽、芸豆、苹果、茄子、豆腐、紫甘蓝、黄豆芽、鸡胸肉、秋葵叶

第 4 周 菜篮

牛里脊肉、鸡胸肉、茄子、高粱、彩椒、鳕鱼、香菇、口蘑、芝麻

现在对待宝宝就要像对待大人一样，一天准备三次饭了。如果三顿都准备不一样的食物会有些麻烦，但如果每次都吃同样的食物，宝宝很容易对吃饭失去兴趣。因此，可以每次做两种辅食，准备三顿的量，然后轮流喂给孩子。喂完辅食再喂点母乳或奶粉，让宝宝吃饱。后期辅食阶段，做稀饭的时候，米和水的比例为 1∶5，食物颗粒的大小为 5 mm^3 左右，这样能让宝宝感受到食物的质感。能利用的食材有芝麻、松仁等油料作物，黄豆芽、绿豆芽、秋葵叶、韭菜、彩椒等富含膳食纤维和维生素的蔬菜类，以及虾、小银鱼等海鲜类食物。

莲藕蔬菜稀饭

莲藕咬起来很脆，适合让宝宝练习咀嚼。如果孩子不喜欢这种清脆的口感，可以用粉碎机打细或用刮皮器刮成薄片后再制作。莲藕富含维生素 C 和铁，能预防贫血。

材料 大米 40 g，
莲藕 10 g，
胡萝卜 10 g，
洋葱 10 g，
西葫芦 10 g，
水 220 mL，
食醋 1/2 小勺

所需时间约 **25** 分钟

做法

❶ 莲藕用刮皮器去皮后洗净，沸水稍微加一点醋，莲藕放到水里焯 5 分钟左右。

❷ 焯好的莲藕用水洗一下，然后切成 5 mm^3 大的小丁。

❸ 胡萝卜和洋葱去皮，西葫芦洗净，一起放入沸水中焯 1 分钟。

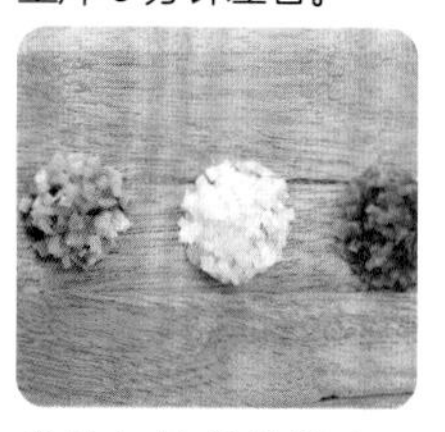

❹ 焯好的蔬菜捞出后切成 5 mm^3 大小的丁。

❺ 将泡好的大米、莲藕、胡萝卜、洋葱、西葫芦放入适量的水中，大火烧开的同时用饭勺不停地搅动。

❻ 烧开后转小火，慢慢煮成稀饭，直至饭粒软烂。

小窍门

莲藕切好后马上放入水中可以防止变色。在加了醋的水里煮 20 分钟左右，捞出后用清水过一遍，能去掉它特有的那种涩味。

菠菜奶酪稀饭

奶酪中的蛋白质和钙含量比牛奶要多出好几倍，是一种高营养食品。奶酪味道稍咸，口感柔滑，宝宝会非常爱吃。有的宝宝吃了奶酪会出现过敏，所以第一次喂宝宝吃奶酪要留意宝宝的反应。

材料 大米 40 g，
菠菜 30 g，
奶酪 1/2 块，
水 220 mL

所需时间约 **25** 分钟

小窍门

奶酪中盐的含量较高，有可能会引起便秘。宝宝周岁前，每天的食用量不能超过 1/2 块。

做法

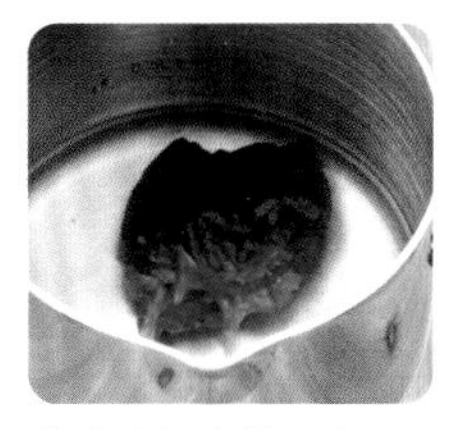

❶ 菠菜切去茎后洗净，然后入沸水稍微焯一下。

❷ 焯好的菠菜切成长 5 mm 的碎片。

❸ 将泡好的大米、菠菜放入适量的水中，大火烧开的同时用饭勺不停地搅动。烧开后马上转小火，直至饭粒软烂。

❹ 煮好后放入奶酪，混合均匀后再焖 1 分钟，做成稀饭。

虾仁韭菜稀饭

后期辅食阶段，初期可以给宝宝吃一些大米粥或糯米粥，使其慢慢适应米粒的大小。开始时做成10倍水的稀粥，然后可以慢慢做得更稠一些。

材料 大米 40 g，
虾仁 20 g，
韭菜 20 g，
水 220 mL

所需时间约 **25** 分钟

做法

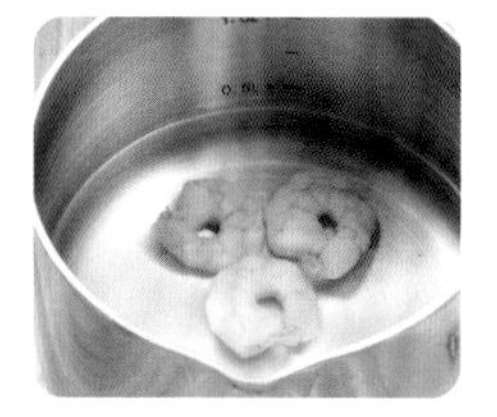

❶ 将虾仁适当处理后洗净，然后放到沸水里焯2分钟左右。

❷ 焯好的虾仁切成 5 mm^3 大的小丁。

❸ 韭菜切去茎的部分，将叶子部分洗净，放入沸水中焯30秒左右。

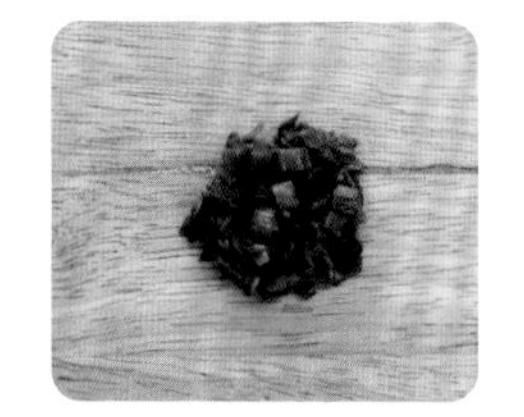

❹ 焯好的韭菜切成长5 mm的碎片。

❺ 将泡好的大米、虾仁、韭菜放入适量的水中，大火烧开的同时用饭勺不停地搅动。

❻ 烧开后转小火，慢慢煮成稀饭，直至饭粒软烂。

小窍门

最好选用鲜虾仁。用牙签插入虾背的第二和第三节之间，能挑出一条黑线一样的东西，那是肠泥。

鸡胸肉口蘑稀饭

口蘑跟肉类是很好的搭配。它能帮助人体排出因食用肉类而摄入的不好的胆固醇和一些多余的营养成分。

材料 大米 40 g，
鸡胸肉 30 g，
口蘑 20 g，
水 220 mL

所需时间约 **25** 分钟

做法

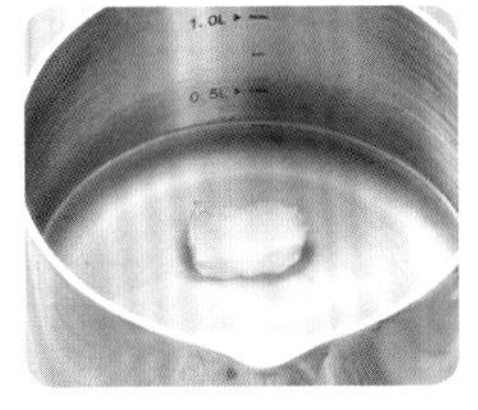

❶ 鸡肉去皮、去筋、去脂肪，然后放到沸水里焯 3 分钟左右。

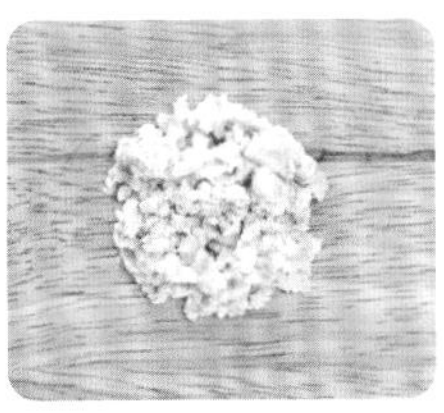

❷ 焯好的鸡肉切成 5 mm^3 大的小丁。

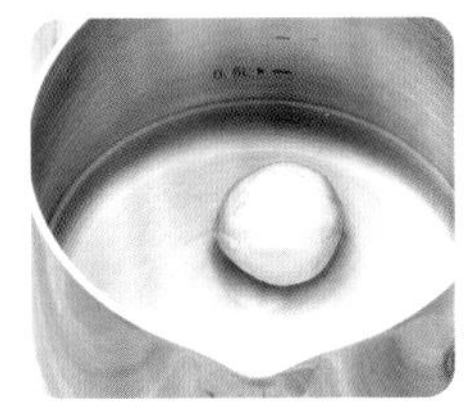

❸ 口蘑去掉菌柄和表皮，洗净后放入沸水中焯 2 分钟左右。

❹ 焯好的口蘑切成 5 mm^3 大小的丁。

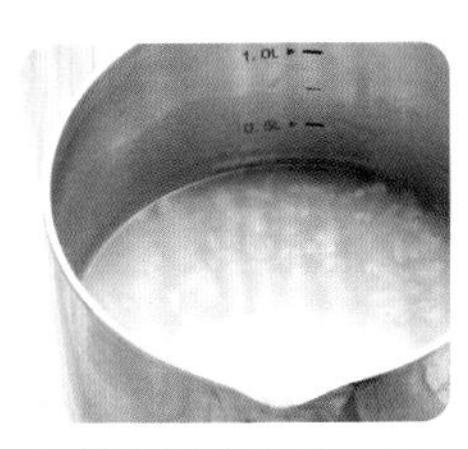

❺ 将泡好的大米、鸡肉放入适量的水中，烧开后转小火再煮 5 分钟。

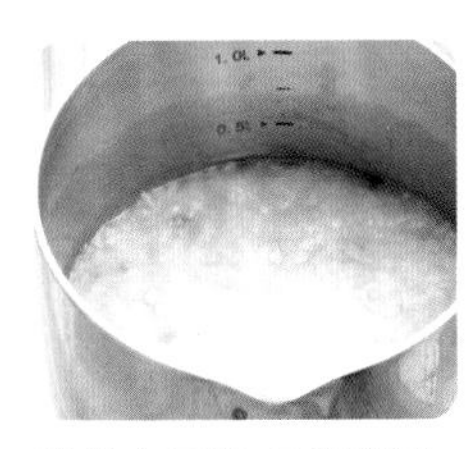

❻ 放入口蘑，不停搅动，慢慢煮成稀饭，直至饭粒软烂。

牛肉豆芽稀饭

黄豆芽含有的膳食纤维有助于机体对牛肉的消化吸收。豆芽的头和梢也含有丰富的营养，但是吃起来较硬，而且可能会引起过敏，因此料理前应把头和梢掐去。

材料 大米 40 g，
牛里脊肉 30 g，
黄豆芽 20 g，
水 220 mL

所需时间约 **25** 分钟

做法

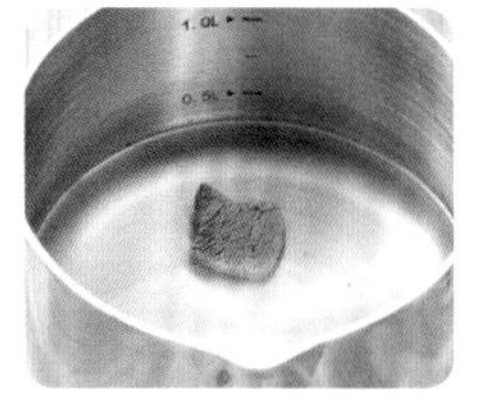

❶牛肉在冷水中浸泡 20 分钟，泡去血水后洗净，然后放到沸水里焯 3 分钟左右。

❷焯好的牛肉切成 5 mm^3 大的小丁。

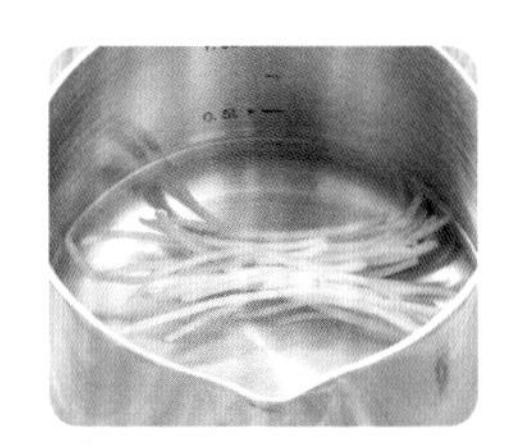

❸去掉豆芽的头和梢，放入沸水中焯 2 分钟左右。

❹焯好的豆芽切成长 5 mm 的小丁。

❺将泡好的大米、牛肉、豆芽放入适量的水中，大火烧开的同时用饭勺不停地搅动。

❻烧开后转小火，慢慢煮成稀饭，直至饭粒软烂。

油菜豆腐稀饭

富含蛋白质的豆腐，和维生素、膳食纤维含量丰富的油菜一起，组成了这道营养全面的辅食。

材料 大米 40 g，
油菜 20 g，
豆腐 20 g，
水（或海带高汤）
220 mL

所需时间约 **25** 分钟

做法

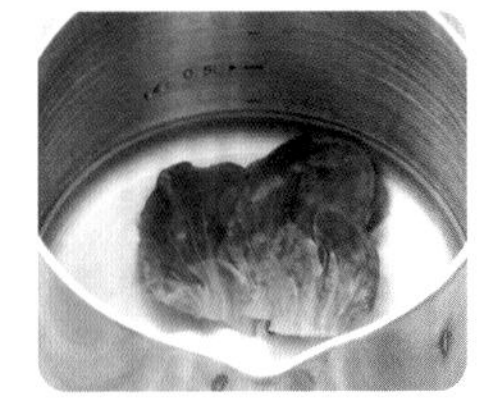

❶ 油菜只取叶子部分，洗净，然后放到沸水里焯 1 分钟左右。

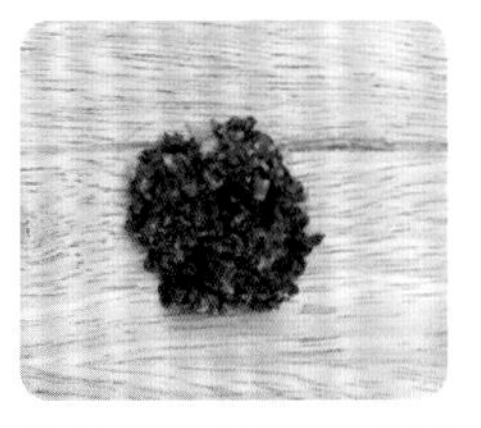

❷ 焯好的油菜切成长 5 mm 的碎片。

❸ 豆腐放入沸水中焯 1 分钟左右，放到沥干篮上沥干水分。

❹ 把焯好的豆腐压成泥。

❺ 将泡好的大米、油菜、豆腐放入适量的水中，大火烧开。

❻ 烧开后转小火，慢慢煮成稀饭，直至饭粒软烂。

南瓜豆芽稀饭

南瓜（绿皮）和豆芽处理起来都不费事，口感也好，是宝宝辅食中常见的食材。两种食材都容易消化，还含有丰富的膳食纤维，宝宝有便秘现象的时候吃一点很好。

材料 大米 40 g，
南瓜（绿皮）20 g，
黄豆芽 20 g，
水 220 mL

所需时间约 **25** 分钟

做法

❶ 南瓜洗净后去掉里面的瓤，然后带着皮在烧开的蒸器中蒸10分钟。

❷ 蒸好的南瓜去皮后压成泥。

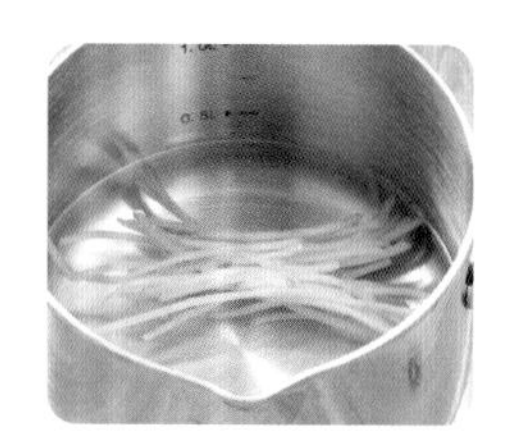

❸ 豆芽去掉头和梢的部分后入沸水焯 2 分钟左右。

❹ 把焯好的豆芽切成长 5 mm 的小丁。

❺ 将泡好的大米、南瓜、豆芽放入适量的水中，大火烧开的同时用饭勺不停地搅动。

❻ 烧开后转小火，慢慢煮成稀饭，直至饭粒软烂。

彩椒奶酪稀饭

彩椒含有大量的维生素，其含量远远超出了其他蔬菜，做熟后味道发甜。放入奶酪一起料理，能补充钙和钾，是一款很好的辅食。

材料 大米 40 g，
彩椒 30 g，
奶酪 1/2 块，
水 220 mL

所需时间约 **25** 分钟

小窍门

挑选彩椒的时候，要选那种颜色鲜艳、拿在手里沉甸甸的，果把儿没有干的彩椒更新鲜。

做法

❶ 彩椒洗净后去掉里面的心。

❷ 处理好的彩椒切成 5 mm^3 的大小。

❸ 将泡好的大米、彩椒放入适量的水中，大火烧开，同时慢慢搅动。烧开后转小火，直至饭粒软烂。

❹ 放入奶酪，慢慢混合，再煮 1 分钟，煮成稀饭。

牛肉黄瓜稀饭

黄瓜一般生吃，所以辅食中用得不太多。跟牛肉一起做成辅食，可以让孩子慢慢适应这种清新的口感。

材料 大米 40 g，
牛里脊肉 30 g，
黄瓜 10 g，
水 220 mL

所需时间约 **25** 分钟

做法

❶牛肉在冷水中浸泡 20 分钟，泡去血水后洗净，然后放到沸水里焯 3 分钟左右。

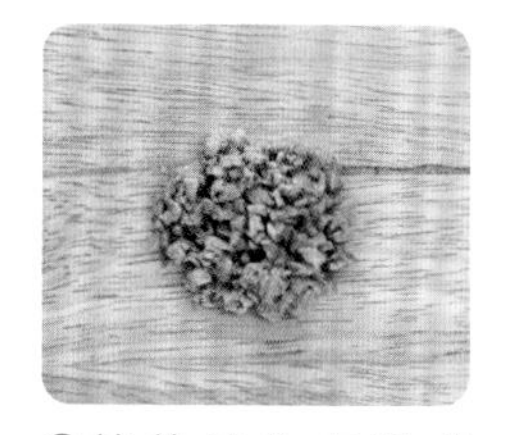

❷焯熟的牛肉切成 5 mm^3 大的小丁。

❸黄瓜洗净后去皮，从中间切成两半后除去中间的种子，然后切成 5 mm^3 大的小丁。

❹将泡好的大米、牛肉、黄瓜放入适量的水中，大火烧开。

❺烧开后转小火，慢慢煮成稀饭，直至饭粒软烂。

栗子奶酪糯米稀饭

栗子口味甘甜，奶酪奶香浓郁，当它们遇到软糯的糯米，一道美味的辅食就诞生了。这款辅食不仅易于消化，而且营养丰富。

材料 糯米 40 g，
栗子 30 g，
奶酪 1/2 块，
水 220 mL

所需时间约 **25** 分钟

做法

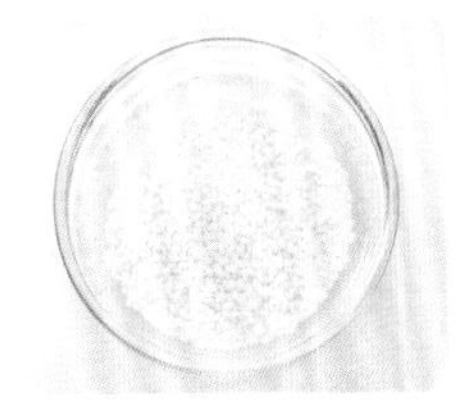

❶ 糯米在水里浸泡 30 分钟。

❷ 栗子剥去外壳和内皮，用水洗净。

❸ 把栗子在烧开的蒸器中蒸 10 分钟左右。

❹ 蒸熟的栗子捣细。

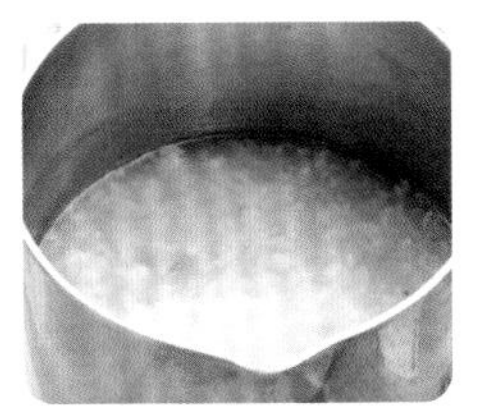

❺ 将泡好的糯米和栗子放入适量的水中，烧开后转小火，直至米粒软烂。

❻ 加入奶酪，拌匀后再煮 1 分钟，稀饭就煮好了。

海带鲽鱼稀饭

海带这种藻类植物富含钾，所含的膳食纤维则可以预防便秘。辅食中加入海带，可以促进宝宝的骨骼和牙齿发育。

材料 大米 40 g，
鲽鱼 30 g，
海带 5 g，
水 220 mL

所需时间约 **25** 分钟

做法

❶ 将鲽鱼分段后在水流下冲洗干净，然后放入烧开的蒸器中蒸 10 分钟左右。

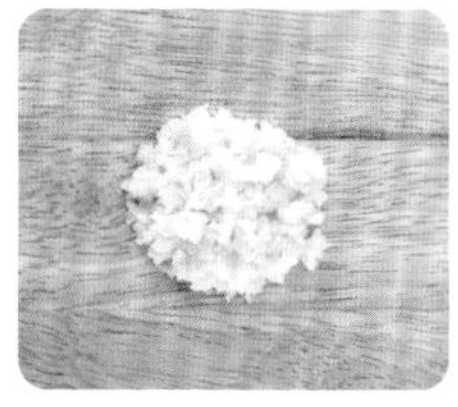

❷ 蒸好的鱼肉去皮、去刺后剁细。

❸ 海带在水里泡 10 分钟左右。

❹ 将泡好的海带切成长 3 mm 左右的碎片。

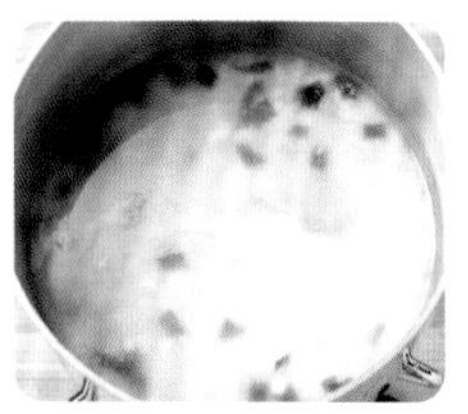

❺ 将泡好的大米、鲽鱼、海带放入适量的水中，大火烧开，同时用饭勺不停地搅动。

❻ 烧开后转小火，煮成米粒软烂的稀饭。

海带泡好后要洗去表面滑滑的褐藻酸，然后切碎后使用。

洋葱红薯稀饭

红薯即使经过加热营养素也不易流失，所以是极好的辅食食材。和洋葱搭配在一起，不仅口味极佳，而且容易消化，宝宝胃口不好的时候也会爱吃的。

材料 大米 40 g，
红薯 20 g，
洋葱 20 g，
水 220 mL

所需时间约 **25** 分钟

做法

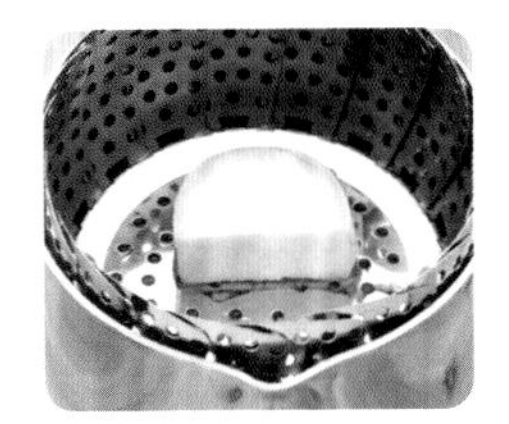

❶ 红薯去皮后洗净，放进烧开的蒸器中蒸 10 分钟。

❷ 蒸好的红薯压成泥。

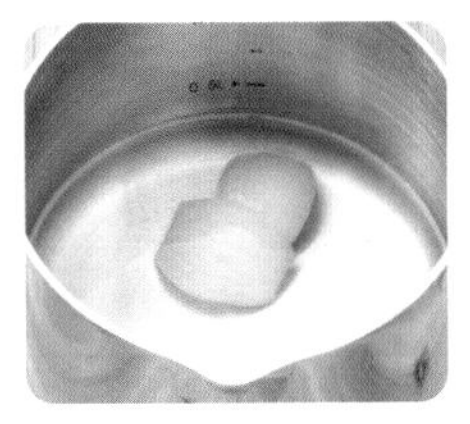

❸ 洋葱去皮后洗净，放到沸水中焯 1 分钟。

❹ 焯好的洋葱切成 5 mm^3 大的小丁。

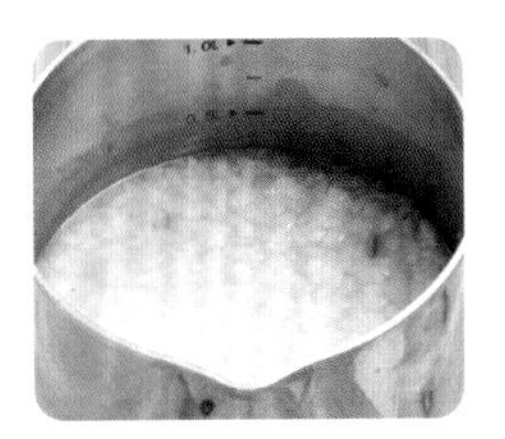

❺ 将泡好的大米、红薯、洋葱放入适量的水中，大火烧开，同时用饭勺不停地搅动。

❻ 水开后转小火，煮成米粒软烂的稀饭。

蘑菇豆芽稀饭

蘑菇和黄豆芽含有丰富的膳食纤维。这款食物口感柔软，方便喂食，易于宝宝消化吸收。

材料 大米 40 g，
香菇 15 g，
口蘑 15 g，
黄豆芽 15 g，
水 220 mL

所需时间约 **25** 分钟

做法

❶ 口蘑去掉菌柄和外皮，香菇去掉菌柄，然后一起放入沸水中焯 2 分钟。

❷ 焯好的口蘑和香菇分别切成 5 mm^3 大的小丁。

❸ 黄豆芽去掉头和梢的部分后入沸水焯 2 分钟。

❹ 焯好的豆芽切成 5 mm 长的丁。

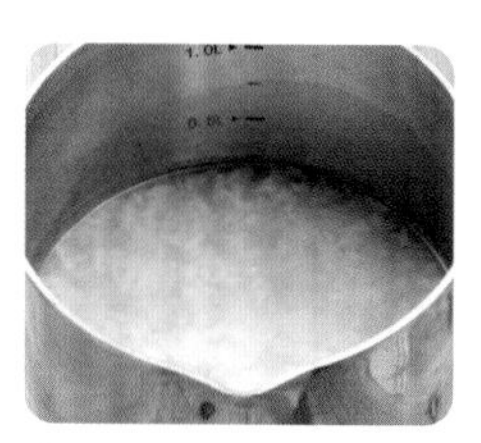

❺ 将泡好的大米和豆芽放入适量的水中，一边搅动一边以大火烧开，烧开后转小火。

❻ 米粒开花后放入蘑菇并拌匀，直至煮成米粒软烂的稀饭。

鸡胸肉韭菜稀饭

熟韭菜能刺激胃液分泌，从而帮助消化。韭菜跟几乎所有的肉类都是很好的搭配。

材料 大米 40 g，
鸡胸肉 30 g，
韭菜 20 g，
水 220 mL

所需时间约 **25** 分钟

做法

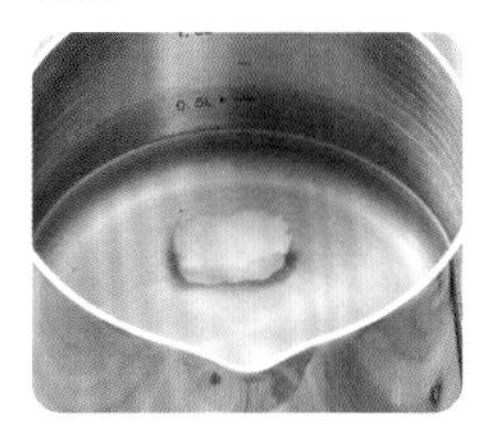

❶ 鸡胸肉去掉筋、皮和脂肪，入沸水焯 3 分钟。

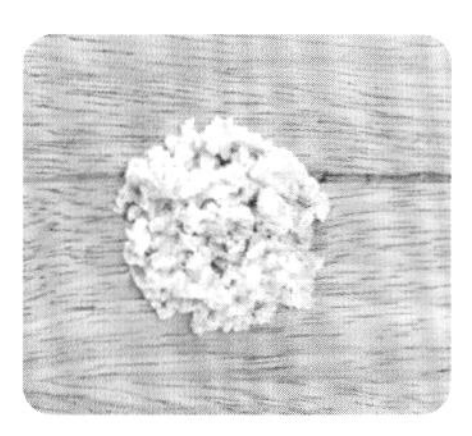

❷ 焯熟的鸡胸肉切成 5 mm³ 大的肉丁。

❸ 韭菜去掉茎的部分后洗净，然后入沸水焯 30 秒左右。

❹ 焯好的韭菜切成长 5 mm 的小段。

❺ 将泡好的大米、鸡胸肉、韭菜放入适量的水中，大火烧开，同时不停地搅动。

❻ 水开后转小火，煮成米粒软烂的稀饭。

发芽糙米牛肉稀饭

材料 大米 20 g，
发芽糙米 20 g，
牛里脊肉 30 g，
白萝卜 20 g，
水 220 mL

所需时间约 **25** 分钟

发芽糙米含有人体所需的多种营养成分，同时含有膳食纤维，能缓解便秘症状。糙米和牛肉、白萝卜是极佳的食物搭配，容易被宝宝消化吸收，是一款营养满分的食物。

做法

❶ 发芽糙米在清水中泡 4 小时以上。

❷ 牛肉在清水中浸泡 20 分钟，泡出血水后洗净，然后入沸水焯 3 分钟左右。

❸ 焯好的牛肉切成 5 mm^3 大的小丁。

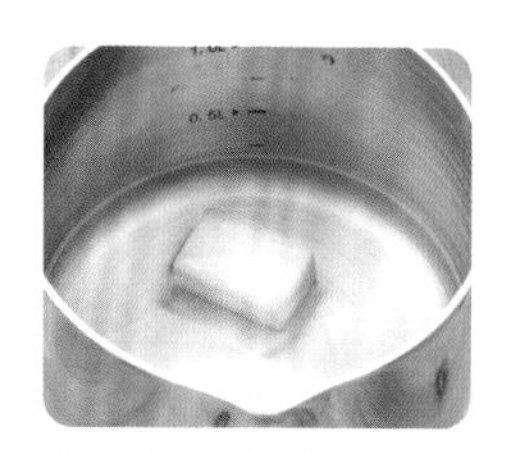

❹ 白萝卜用刮皮器去皮后洗净，然后入沸水焯 2 分钟左右。

❺ 焯好的白萝卜切成 5 mm^3 大的小丁。

❻ 将泡好的大米、发芽糙米、牛肉、白萝卜放入适量的水中，大火烧开的同时，用饭勺不停地搅动。

❼ 水开后，转小火，煮成米粒软烂的稀饭。

豆奶西蓝花稀饭

材料 大米 40 g，
嫩豆腐 30 g，
西蓝花 20 g，
水（或海带高汤）
220 mL

所需时间约 **25** 分钟

市面上出售的豆奶含有大量的添加剂，妈妈们可以试试用粉碎机将嫩豆腐打碎，制成“妈妈牌豆奶”。将嫩豆腐入沸水焯 1 分钟，除去里面的卤水，然后加上水打细即可。做出来的豆奶作为一款婴儿零食也是很不错的哦。

做法

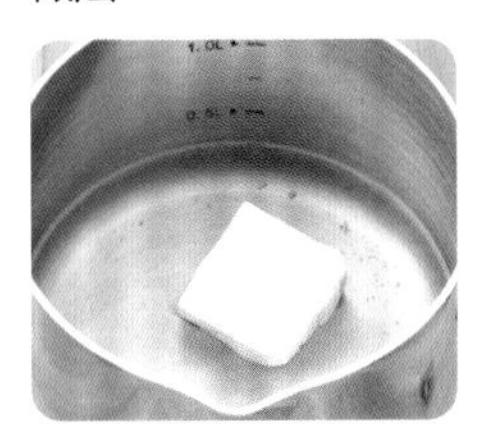

❶ 嫩豆腐入沸水焯 1 分钟，放在滤网上沥干水分。

❷ 在粉碎机里放入嫩豆腐和 50 mL 的水，均匀打细。

❸ 将 ❷ 在滤网上过一遍后即为豆奶。

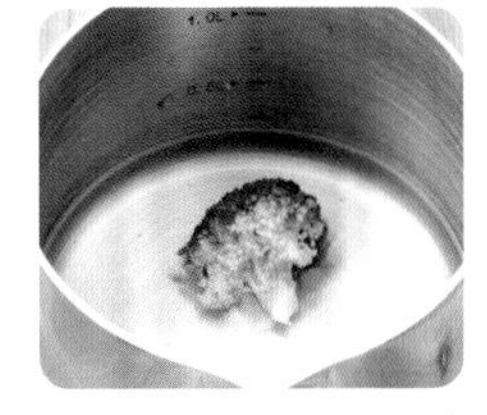

❹ 西蓝花切成小朵后洗净，然后入沸水焯 1 分钟左右。

❺ 焯好的西蓝花切成 5 mm^3 大的小丁。

❻ 将泡好的大米、豆奶、西蓝花放入 170 mL 水里，大火烧开，同时不停搅动。

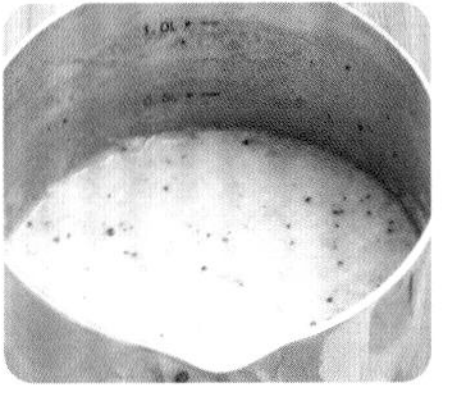

❼ 水开后转小火，煮成米粒软烂的稀饭。

绿豆芽蔬菜稀饭

绿豆芽是绿豆发出的芽。它有退热解毒的功效，能有效预防和改善婴儿湿疹性皮炎。绿豆芽比黄豆芽软，宝宝吃起来更不费劲。

材料 大米 40 g，
绿豆芽 10 g，
胡萝卜 10 g，
洋葱 10 g，
西葫芦 10 g，
水 220 mL

所需时间约 **25** 分钟

做法

❶ 去掉绿豆芽头和梢的部分，入沸水焯 2 分钟左右。

❷ 焯好的绿豆芽切成长 5 mm 的小丁。

❸ 胡萝卜和洋葱去皮，西葫芦洗净，放入沸水中焯 1 分钟左右。

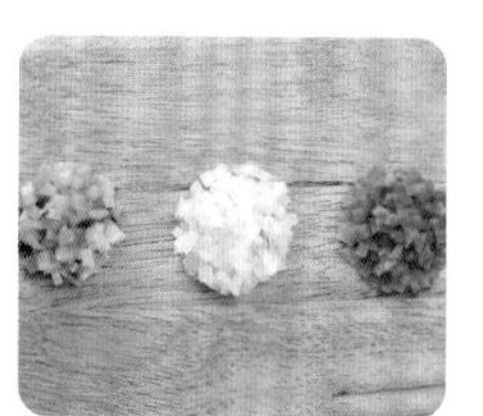

❹ 备好的蔬菜都切成 5 mm^3 大的小丁。

❺ 将泡好的大米、绿豆芽、胡萝卜、洋葱、西葫芦放入适量的水中，大火烧开的同时，用饭勺不停地搅动。

❻ 烧开后转小火，慢慢熬成米粒软烂的稀饭。

芸豆苹果稀饭

芸豆虽然含有丰富的营养，但有的宝宝不喜欢吃。而苹果能帮助消化，味道又甜，跟芸豆一起料理就能让不少不喜欢芸豆味道的宝宝也欣然接受这道美食。

材料 大米 40 g，
芸豆 20 g，
苹果 20 g，
水（或蔬菜高汤）220 mL

所需时间约 **30** 分钟

做法

❶ 芸豆洗净后在水中充分浸泡 6 小时。

❷ 泡好的芸豆入沸水煮 10 分钟左右。

❸ 焯熟的芸豆去皮后切成 $3\ mm^3$ 大的小丁。

❹ 苹果洗净后去皮，取果肉，切成 $5\ mm^3$ 大的小丁。

❺ 将泡好的大米、芸豆、苹果放入适量的水中，大火烧开的同时，用饭勺不停地搅动。

❻ 烧开后转小火，慢慢熬成米粒软烂的稀饭。

茄子豆腐稀饭

茄子性凉，特别适合多汗、怕热的宝宝食用。茄子跟豆腐搭配，能做出口感柔软的美味辅食。

材料 大米 40 g，
豆腐 30 g，
茄子 20 g，
水（或海带高汤）
220 mL

所需时间约 **25** 分钟

做法

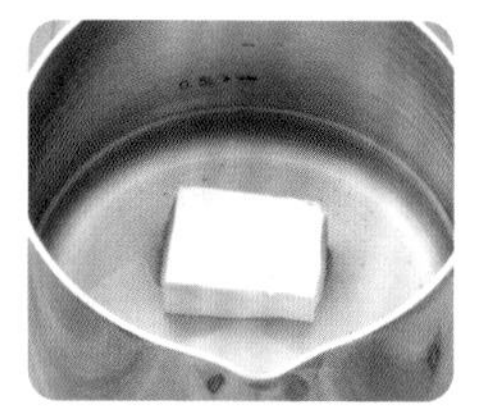

❶ 豆腐入沸水焯 1 分钟左右，然后放到滤网上沥干水分。

❷ 焯好的豆腐用压碎器压成泥。

❸ 茄子洗净后入沸水焯 1 分钟左右。

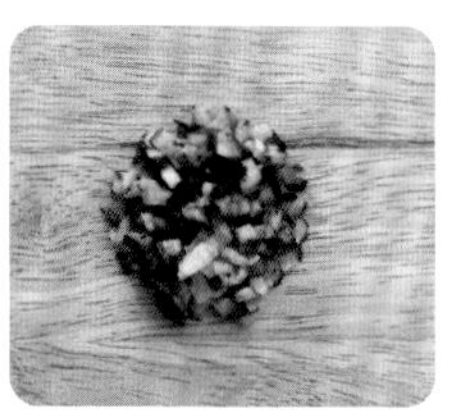

❹ 焯好的茄子切成 5 mm^3 大的小丁。

❺ 将泡好的大米、豆腐、茄子放入适量的水中，大火烧开的同时，用饭勺不停地搅动。

❻ 烧开后转小火，慢慢熬成米粒软烂的稀饭。

紫甘蓝黄豆芽稀饭

紫甘蓝是一种典型的有色食物。它含有花青素，能抵御细胞老化。即使经过烹调，紫甘蓝的营养损失也不大，是很好的辅食食材。

材料 大米 40 g，紫甘蓝 10 g，黄豆芽 30 g，水 220 mL

所需时间约 **25** 分钟

做法

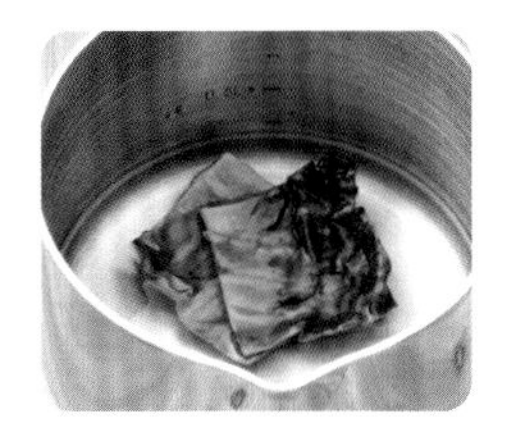

❶ 去掉紫甘蓝中间的硬心，入沸水焯 1 分钟左右。

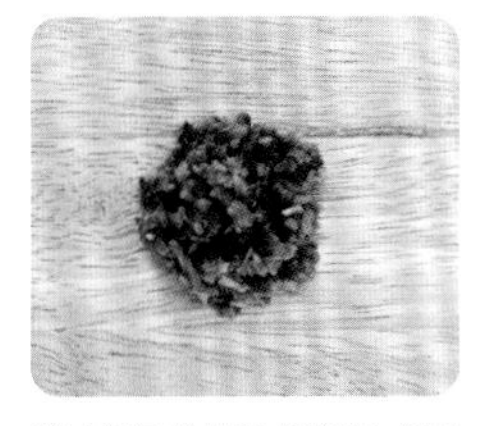

❷ 焯好的紫甘蓝切成长 5 mm 的碎片。

❸ 黄豆芽去掉头和梢的部分后，放入沸水中焯 2 分钟左右。

❹ 焯好的黄豆芽切成 5 mm 长的小丁。

❺ 将泡好的大米、紫甘蓝、黄豆芽放入适量的水中，大火烧开的同时，用饭勺不停地搅动。

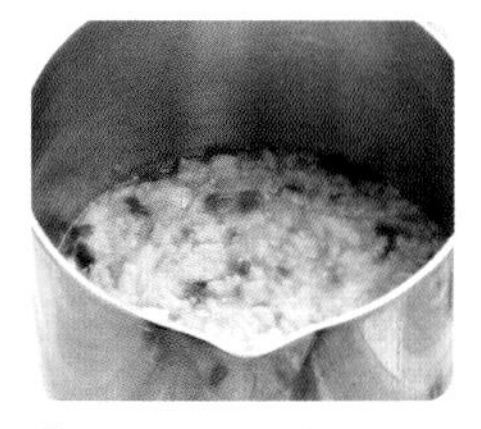

❻ 烧开后转小火，慢慢熬成米粒软烂的稀饭。

鸡胸肉紫甘蓝稀饭

这款辅食中的紫甘蓝富含维生素和矿物质，鸡肉富含蛋白质，既能保证营养，吃起来又十分美味。稀饭里放入漂亮的紫甘蓝，宝宝会对食物更感兴趣。

材料 大米 40 g，
鸡胸肉 30 g，
紫甘蓝 10 g，
水 220 mL

所需时间约 **25** 分钟

做法

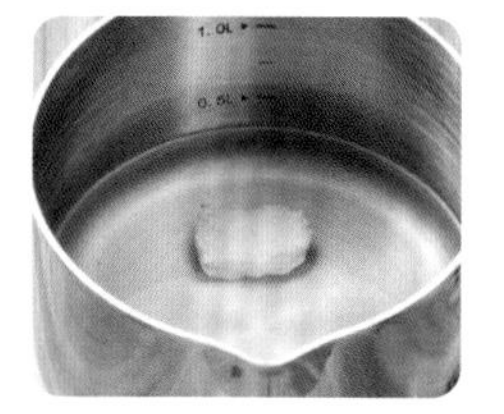

❶ 鸡肉去皮、筋和脂肪后，入沸水焯 3 分钟左右。

❷ 焯熟的鸡肉切成 5 mm^3 大的小丁。

❸ 去掉紫甘蓝中间的心后洗净，然后入沸水焯 1 分钟。

❹ 焯好的紫甘蓝切成长 5 mm 的碎片。

❺ 将泡好的大米、鸡肉、紫甘蓝放入适量的水中，大火烧开的同时，用饭勺不停地搅动。

❻ 烧开后转小火，慢慢熬成米粒软烂的稀饭。

秋葵牛肉稀饭

材料 大米 40 g，
牛里脊肉 30 g，
秋葵叶 10 g，
洋葱 10 g，
胡萝卜 10 g，
西葫芦 10 g，
水 220 mL

所需时间约 **25** 分钟

秋葵叶中钙的含量非常高，它能强壮宝宝的骨骼并促进牙齿发育，还能辅助治疗便秘。秋葵叶搭配牛肉，可以做出一道营养丰富的滋补食品。

做法

❶ 牛肉在清水中浸泡 20 分钟，泡出血水后洗净，再入沸水焯 3 分钟左右。

❷ 焯熟的牛肉切成 5 mm³ 大的小丁。

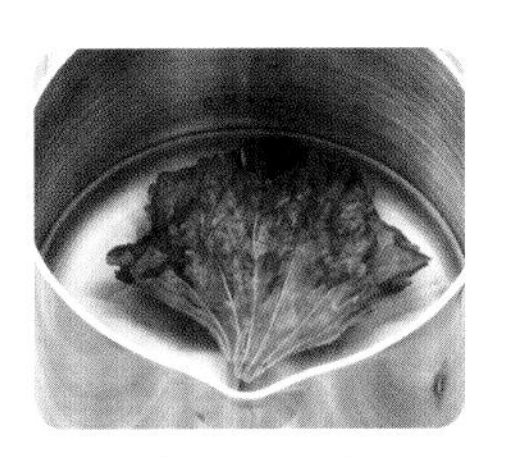

❸ 秋葵叶洗净，然后入沸水焯 2 分钟左右。

❹ 焯好的秋葵叶切成长 5 mm 的碎片。

❺ 胡萝卜和洋葱去皮，西葫芦洗净，然后放入沸水中焯 1 分钟左右。

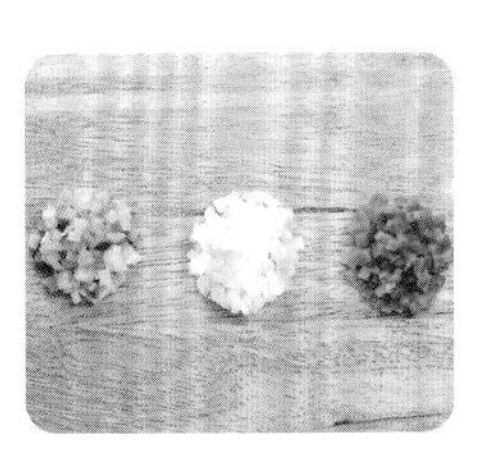

❻ 备好的蔬菜切成 5 mm³ 大的小丁。

❼ 将泡好的大米、秋葵叶、胡萝卜、西葫芦、洋葱、牛肉放入适量的水中，大火烧开的同时，用饭勺不停地搅动。

❽ 烧开后转小火，慢慢熬成米粒软烂的稀饭。

牛肉茄子稀饭

牛肉和茄子在口感和营养方面都十分互补。去皮的茄子遇到空气会变色，所以最好在烹饪前现切。

材料 大米 40 g，
牛里脊肉 30 g，
茄子 20 g，
水 220 mL

所需时间约 **25** 分钟

做法

❶牛肉在清水中浸泡 20 分钟，泡出血水后洗净，再入沸水焯 3 分钟左右。

❷焯熟的牛肉切成 5 mm^3 大的小丁。

❸茄子洗净后入沸水焯 2 分钟左右。

❹焯好的茄子切成 5 mm^3 大的小丁。

❺将泡好的大米、牛肉、茄子放入适量的水中，大火烧开的同时，用饭勺不停地搅动。

❻烧开后转小火，慢慢熬成米粒软烂的稀饭。

高粱彩椒奶酪稀饭

后期辅食可以使用各种碳水化合物来刺激宝宝的食欲，让宝宝胃口更好。高粱米有保护肾脏的作用，彩椒含有丰富的维生素，奶酪则富含蛋白质，组合在一起是一道营养满分的食物。

材料 大米 30 g，
高粱米 10 g，
彩椒 30 g，
奶酪 1/2 块，
水 220 mL

所需时间约 **25** 分钟

做法

❶ 高粱米在冷水中泡足 6 小时。

❷ 彩椒洗净后去掉里面的籽和蒂头。

❸ 处理好的彩椒切成 5 mm^3 的小丁。

❹ 将泡好的大米、高粱米、彩椒放入适量的水中，大火烧开的同时，用饭勺不停地搅动。烧开后转小火，煮成米粒软烂的稀饭。

❺ 放入奶酪，搅拌均匀，再煮 1 分钟左右，煮成软粥。

泡高粱米的时候需多换几次水，直至水不再发红为止。

鳕鱼蔬菜粥

鳕鱼不腥，肉多，是有代表性的白色肉鱼。和黄花鱼或带鱼相比，鳕鱼肉分离起来更容易，用来制作辅食很方便。

材料 大米 40 g，
鳕鱼 20 g，
洋葱 10 g，
胡萝卜 10 g，
西葫芦 10 g，
水 220 mL

所需时间约 **25** 分钟

做法

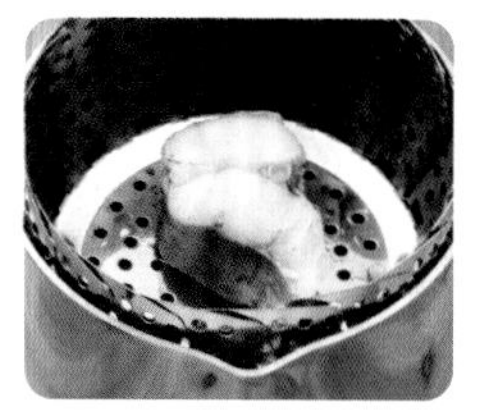

❶将鳕鱼切成段，在流水下洗干净，放入烧开的蒸器中蒸 10 分钟左右。

❷蒸好的鱼肉除去皮和刺后剁细。

❸胡萝卜和洋葱去皮，西葫芦洗净，然后放入沸水中焯 1 分钟左右。

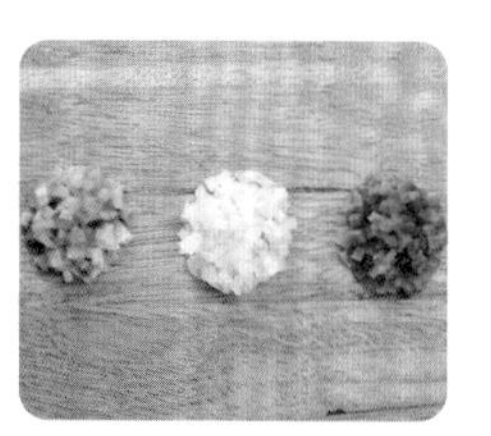

❹备好的蔬菜切成 5 mm^3 大的小丁。

❺将泡好的米和鳕鱼肉、胡萝卜、洋葱、西葫芦放入适量的水中，用饭勺不停地搅动，以大火烧开。

❻烧开后转小火，慢慢熬成米粒软烂的稀饭。

蘑菇洋葱稀饭

蘑菇含有丰富的蛋白质，加入洋葱，可以把蘑菇的味道衬托得更美味。也可以用平菇或金针菇来代替香菇和口蘑。

材料 大米 40 g，
香菇 15 g，
口蘑 15 g，
洋葱 15 g，
水（或牛肉高汤）220 mL

所需时间约 **25** 分钟

做法

❶ 口蘑去掉菌柄和外皮，香菇去掉菌柄，二者一起入沸水焯 2 分钟左右。

❷ 将焯好的口蘑和香菇分别切成 5 mm^3 大的小丁。

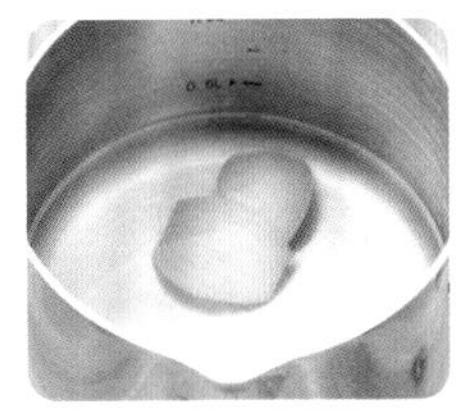

❸ 洋葱去皮后洗净，然后放入沸水中焯 1 分钟左右。

❹ 焯好的洋葱切成 5 mm^3 大的小丁。

❺ 将泡好的大米、洋葱放入适量的水中，大火烧开的同时，用饭勺不停地搅动。水开后转小火，再煮 5 分钟。

❻ 放入口蘑和香菇，慢慢搅动，熬成米粒软烂的稀饭。

鸡胸肉芝麻稀饭

材料 大米 40 g，
鸡胸肉 20 g，
胡萝卜 10 g，
洋葱 10 g，
西葫芦 10 g，
白芝麻少许，
水 220 mL

所需时间约 **25** 分钟

辅食中的芝麻能为食物增加一种独特的香味，孩子会非常喜欢。白芝麻含有丰富的人体必需氨基酸和不饱和脂肪酸，有助于肌肉和大脑发育。

做法

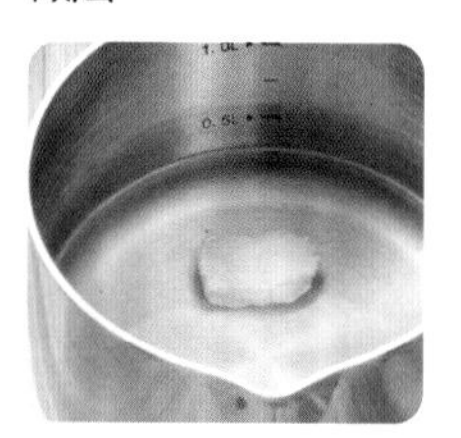

❶ 鸡肉去皮、筋和脂肪，然后入沸水焯 3 分钟左右。

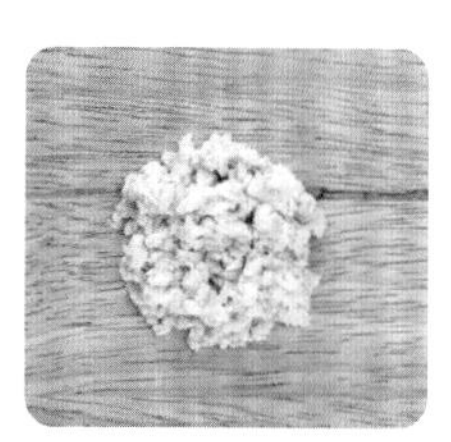

❷ 焯熟的鸡肉切成 5 mm^3 大的小丁。

❸ 把平底锅烧热，放入白芝麻，快速翻炒一下。

❹ 炒好的白芝麻用石臼捣细。

❺ 胡萝卜和洋葱去皮，西葫芦洗净，然后放入沸水中焯 1 分钟左右。

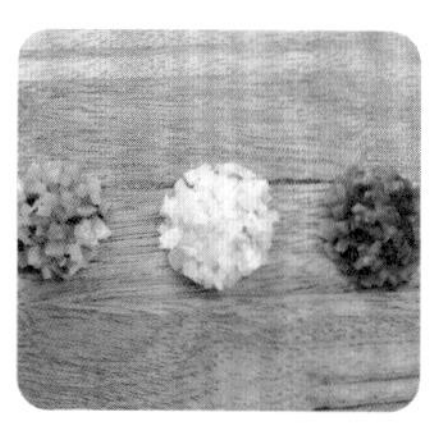

❻ 备好的蔬菜切成 5 mm^3 大的小丁。

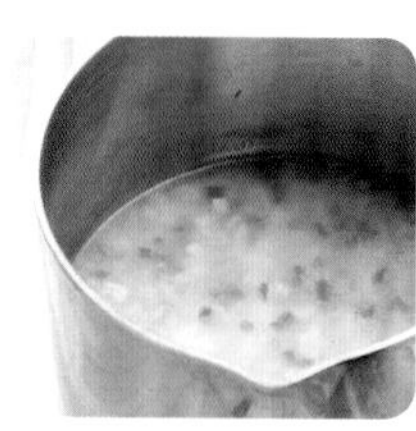

❼ 将泡好的大米、鸡肉、蔬菜放入适量的水中，大火烧开后转小火，慢慢熬成米粒软烂的稀饭。

❽ 放入白芝麻，搅拌均匀后再煮 1 分钟，稀饭就完成啦。

茄子洋葱奶酪稀饭

茄子和洋葱、奶酪含有互不相同的营养成分，正好可以互为补充。这款辅食入口柔软，味道香，深受宝宝的喜爱。

材料 大米 40 g，
茄子 20 g，
洋葱 20 g，
奶酪 1/2 块，
水 220 mL

所需时间约 **25** 分钟

做法

❶ 茄子洗净后入沸水焯 1 分钟。

❷ 焯好的茄子切成 5 mm^3 大的小丁。

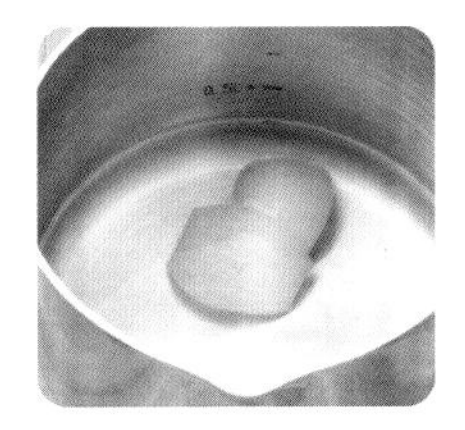

❸ 洋葱去皮后洗净，也入沸水焯 1 分钟左右。

❹ 焯好的洋葱切成 5 mm^3 大的小丁。

❺ 将泡好的大米、茄子、洋葱放入适量的水中，大火烧开的同时，用饭勺不停地搅动。烧开后转小火，慢慢熬成米粒软烂的稀饭。

❻ 放入奶酪，搅拌均匀后再煮 1 分钟，稀饭就做好啦。

后期 11~12 个月龄的辅食食谱日历

上午 / 下午 / 晚上 辅食 3 次（8 点 /12 点 /18 点 辅食 100~120 g）+ 零食 2 次（10 点 /15 点）

上午 下午 晚上

周一	周二	周三	周四	周五	周六	周日
鸡胸肉野苏子软饭 糙米绿豆芽蔬菜软饭 鸡胸肉野苏子软饭	糙米绿豆芽蔬菜软饭 鸡胸肉野苏子软饭 糙米绿豆芽蔬菜软饭	金针菇韭菜软饭 芸豆西葫芦软饭 金针菇韭菜软饭	芸豆西葫芦软饭 金针菇韭菜软饭 芸豆西葫芦软饭	牛肉口蘑软饭 紫菜香菇软饭 牛肉口蘑软饭	紫菜香菇软饭 牛肉口蘑软饭 紫菜香菇软饭	三文鱼西蓝花芝麻软饭 三文鱼紫菜软饭 三文鱼西蓝花芝麻软饭
三文鱼紫菜软饭 三文鱼西蓝花芝麻软饭 三文鱼紫菜软饭	小银鱼黑芝麻软饭 蔬菜大酱软饭 小银鱼黑芝麻软饭	蔬菜大酱软饭 小银鱼黑芝麻软饭 蔬菜大酱软饭	鸡胸肉紫菜软饭 大麦蔬菜软饭 鸡胸肉紫菜软饭	大麦蔬菜软饭 鸡胸肉紫菜软饭 大麦蔬菜软饭	鸡蛋大葱软饭 梨子松仁软饭 鸡蛋大葱软饭	梨子松仁软饭 鸡蛋大葱软饭 梨子松仁软饭
香菇虾仁软饭 大麦嫩豆腐软饭 香菇虾仁软饭	大麦嫩豆腐软饭 香菇虾仁软饭 大麦嫩豆腐软饭	口蘑蔬菜软饭 青椒燕麦软饭 口蘑蔬菜软饭	青椒燕麦软饭 口蘑蔬菜软饭 青椒燕麦软饭	牛肉油菜软饭 海带蔬菜软饭 牛肉油菜软饭	海带蔬菜软饭 牛肉油菜软饭 海带蔬菜软饭	带鱼白萝卜软饭 海青菜蔬菜软饭 带鱼白萝卜软饭
海青菜蔬菜软饭 带鱼白萝卜软饭 海青菜蔬菜软饭	鸡胸肉大枣软饭 豆腐芝麻蔬菜软饭 鸡胸肉大枣软饭	豆腐芝麻蔬菜软饭 鸡胸肉大枣软饭 豆腐芝麻蔬菜软饭	鳕鱼豆芽软饭 豆腐平菇软饭 鳕鱼豆芽软饭	豆腐平菇软饭 鳕鱼豆芽软饭 豆腐平菇软饭	牛肉海青菜软饭 黑豆蔬菜软饭 牛肉海青菜软饭	茄子洋葱奶酪稀饭 黑豆蔬菜软饭 茄子洋葱奶酪稀饭

（大米 / 糯米、胡萝卜、洋葱、
西葫芦、奶酪是基本材料）

鸡胸肉、野苏子粉、糙米、绿豆芽、韭菜、金针菇、芸豆、三文鱼、西蓝花、白芝麻、紫菜、香菇、口蘑、牛里脊肉

小银鱼、黑芝麻、鸡胸肉、紫菜、大麦、鸡蛋、葱、梨、松仁

香菇、虾、大麦、嫩豆腐、口蘑、青椒、燕麦、牛里脊肉、油菜、海带、带鱼、海青菜、萝卜

鸡胸肉、大枣、黑芝麻、鳕鱼、黄豆芽、豆腐、平菇、牛里脊肉、海青菜、黑豆

下一个阶段就是辅食的完成期了。要尽量通过足量的辅食给宝宝补充必需的营养，同时逐步减少母乳或奶粉的摄入量，一天不要超过 400 mL。做软饭的时候，泡好的米和水的比例为 1 ： 3。食物颗粒的大小可以保持在 5 mm^3，这样可以让宝宝感受到食物的质感。每天三顿都准备不同的食物比较麻烦，所以一次可以做两种辅食，准备好三顿的量，然后在接下来的两天里轮流喂给宝宝吃，这样就省事多了。如果到目前为止还没有发现宝宝有过任何的过敏现象，那么基本上大部分的食材都可以用来给宝宝做成辅食。三文鱼这一类的红色肉鱼也可以吃，但是蓝背海鱼、蜂蜜、鲜牛奶、猪肉等最好到完成期再给宝宝吃。

鸡胸肉野苏子软饭

野苏子含有不饱和脂肪酸，有助于大脑发育。但是野苏子中的乳脂易引起腹泻，还散发出一种独特的味道，宝宝可能会不喜欢，操作的时候要少放一点。

材料 大米 60 g，
鸡胸肉 30 g，
野苏子粉 10 g，
水 200 mL

所需时间约 **25** 分钟

小窍门

尽量选用市面上出售的国产野苏子粉，或将野苏子在锅里稍微炒一下，再用石臼捣细后使用。

做法

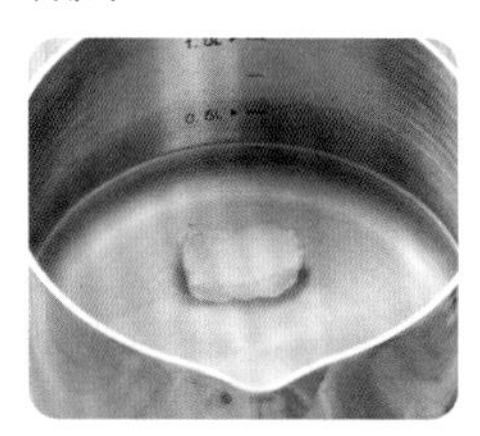

❶ 鸡胸肉去皮、筋和脂肪，入沸水焯 3 分钟左右。

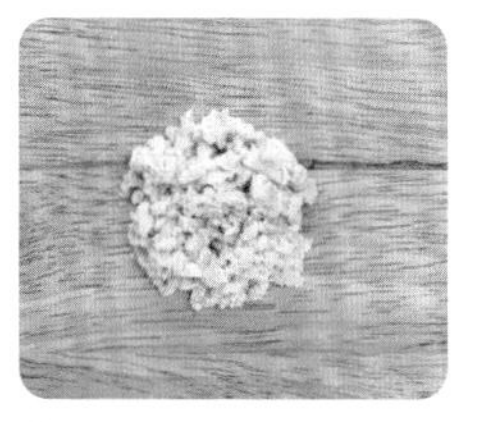

❷ 焯熟的鸡肉切成 5 mm^3 大的小丁。

❸ 将泡好的大米、鸡肉放入适量的水中，大火烧开的同时，用饭勺不停地搅动。烧开后转小火，慢慢熬至米粒软烂。

❹ 放入野苏子粉，搅拌均匀后再煮 1 分钟，煮成软饭。

金针菇韭菜软饭

金针菇和韭菜同时入饭对腹泻和便秘都有很好的调理效果。这道辅食有助于肠胃的健康。

材料 大米 60 g，
金针菇 30 g，
韭菜 10 g，
水 200 mL

所需时间约 **25** 分钟

做法

❶ 金针菇去根后洗净，然后入沸水焯 2 分钟左右。

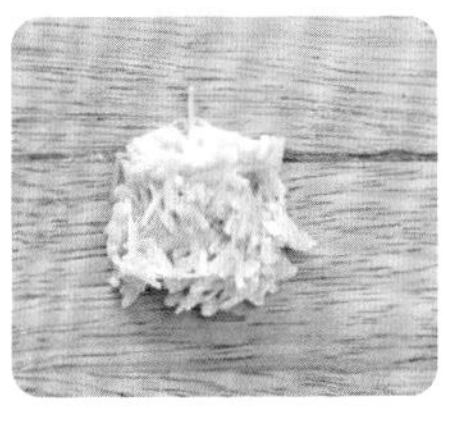

❷ 焯好的金针菇切成 5 mm 长的小段。

❸ 韭菜切去茎的部分后洗净，入沸水焯 30 秒左右。

❹ 焯好的韭菜切成 5 mm 长的小段。

❺ 将泡好的大米、金针菇、韭菜放入适量的水中，大火烧开的同时，用饭勺不停地搅动。

❻ 水开后转小火，煮至米粒软烂，成为软饭。

材料 大米 30 g，
糙米 30 g，
绿豆芽 20 g，
胡萝卜 10 g，
西葫芦 10 g，
洋葱 10 g，
水 200 mL

所需时间约 **25** 分钟

糙米绿豆芽蔬菜软饭

糙米同时含有水溶性膳食纤维和非水溶性膳食纤维，有利于肠道健康。不过，糙米中的维生素 A 含量较少，跟含有大量维生素 A 的绿豆芽一起做辅食是不错的搭配。

做法

❶糙米在清水中泡足 6 小时。大米泡的时间可以少一些。

❷绿豆芽去掉头和梢的部分后，入沸水焯 2 分钟。

❸焯好的绿豆芽切成 5 mm 长的小丁。

❹胡萝卜和洋葱去皮，西葫芦洗净，入沸水焯 1 分钟左右。

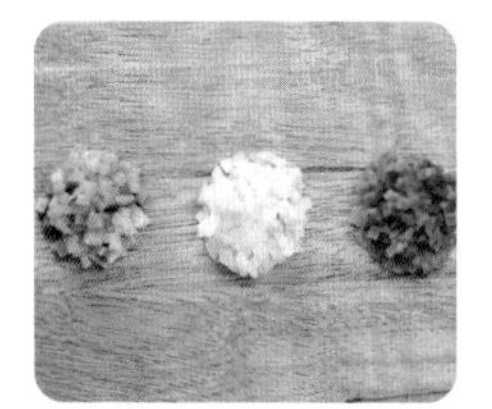

❺备好的蔬菜切成 5 mm^3 大的小丁。

❻将泡好的大米、糙米、绿豆芽、胡萝卜、洋葱、西葫芦放入适量的水中，大火烧开的同时，用饭勺不断搅动。

❼水开后转小火，直至米粒软烂，成为软饭。

芸豆西葫芦软饭

材料 大米 60 g，
芸豆 20 g，
西葫芦 20 g，
水（或鸡肉高汤）
200 mL

所需时间约 **25** 分钟

芸豆含有丰富的人体必需氨基酸，对成长期的孩子十分有益。西葫芦含有丰富的维生素 A 及大米缺乏的 B 族维生素。

做法

❶ 芸豆洗净后在水里泡足 6 小时。

❷ 泡好的芸豆入沸水煮 20 分钟左右。

❸ 煮熟的芸豆去皮后切成 3 mm^3 大的小丁。

❹ 西葫芦洗净后入沸水焯 1 分钟左右。

❺ 焯好的西葫芦切成 5 mm^3 大的小丁。

❻ 将泡好的大米、芸豆、西葫芦放入适量的水中，大火烧开的同时，用饭勺不停地搅动。

❼ 烧开后转小火，直至饭粒软烂，成为软饭。

小窍门

豆类易引起过敏反应，要注意观察宝宝食用后的反应。

牛肉口蘑软饭

口蘑富含膳食纤维和多种维生素，跟牛肉是很好的搭配。

材料 大米 60 g，
牛里脊肉 30 g，
口蘑 30 g，
水 200 mL

所需时间约 **25** 分钟

做法

❶ 牛肉在冷水中浸泡 20 分钟，泡去血水后洗净，然后入沸水焯 3 分钟左右。

❷ 焯熟的牛肉切成 5 mm^3 大的小丁。

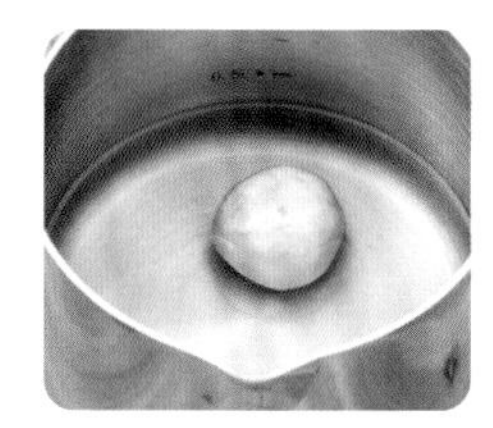

❸ 口蘑去掉菌柄和外皮，洗净后入沸水焯 2 分钟。

❹ 焯好的口蘑切成 5 mm^3 大的小丁。

❺ 将泡好的大米、牛肉放入适量的水中，大火烧开的同时，用饭勺不停地搅动。烧开后转小火，慢慢熬至米粒软烂。

❻ 放入口蘑，搅拌均匀后再煮 1 分钟，煮成软饭。

紫菜香菇软饭

食物中放入紫菜，会有淡淡的咸味，还很香。大部分孩子都会喜欢吃。如果孩子不喜欢香菇的味道，也可用孩子喜欢的其他蘑菇代替。

材料 大米 60 g，
紫菜 1/4 张，
香菇 50 g，
水 200 mL

所需时间约 **25** 分钟

做法

❶ 香菇去掉菌柄后洗净，然后入沸水焯 2 分钟左右。

❷ 焯好的香菇切成 5 mm^3 大的小丁。

❸ 紫菜放在锅中，以小火炒一下，然后用石臼捣一下。

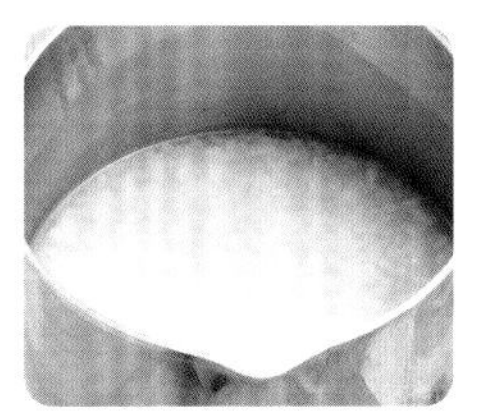

❹ 将泡好的大米放入适量的水中，大火烧开的同时，用饭勺不停地搅动。水开后转小火再煮 5 分钟。

❺ 放入香菇和紫菜，煮至米粒软烂，成为软饭。

材料 大米 60 g，
鲜三文鱼 30 g，
西蓝花 30 g，
白芝麻 5 g，
水 200 mL

所需时间约 **25** 分钟

三文鱼西蓝花芝麻软饭

三文鱼是有代表性的红色肉鱼，含有丰富的蛋白质和矿物质。另外，三文鱼还含有大量的维生素D和不饱和脂肪酸，非常有助于宝宝大脑发育。

做法

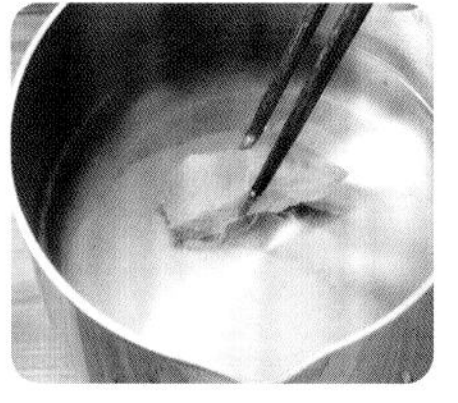

❶ 三文鱼在流水下面冲洗干净，入沸水焯 3 分钟左右。

❷ 焯好的三文鱼切成 5 mm^3 的小丁。

❸ 西蓝花切成小朵后洗净，然后入沸水焯 2 分钟左右。

❹ 焯好的西蓝花切成 5 mm^3 大的小丁。

❺ 平底锅烧热后，把白芝麻炒一下。

❻ 炒好的白芝麻用石臼捣细。

❼ 将泡好的大米、三文鱼、西蓝花放入适量的水中，大火烧开的同时，用饭勺不停地搅动。烧开后转小火，煮至米粒软烂。

❽ 放入白芝麻，混合均匀后再煮 1 分钟，做成软饭。

三文鱼紫菜软饭

材料 大米 60 g，
三文鱼 20 g，
洋葱 20 g，
紫菜 5 g，
水 200 mL

所需时间约 **25** 分钟

三文鱼是宝宝接触到的第一种红色肉鱼。比起白色肉鱼，红色肉鱼更腥一些，所以制作的时候要注意一下。如果在制作的时候添加了紫菜，紫菜的香味能盖住三文鱼的腥味。

做法

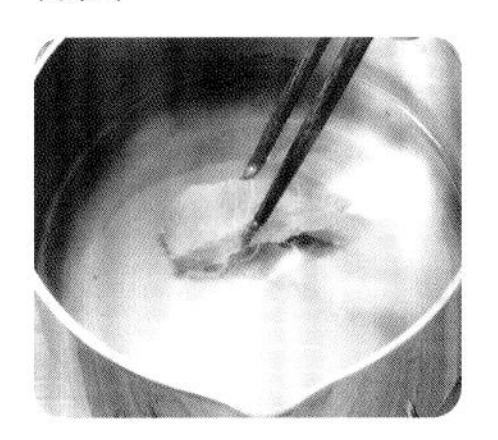

❶ 三文鱼在流水下面冲洗干净，入沸水焯 3 分钟左右。

❷ 焯好的三文鱼切成 5 mm^3 的小丁。

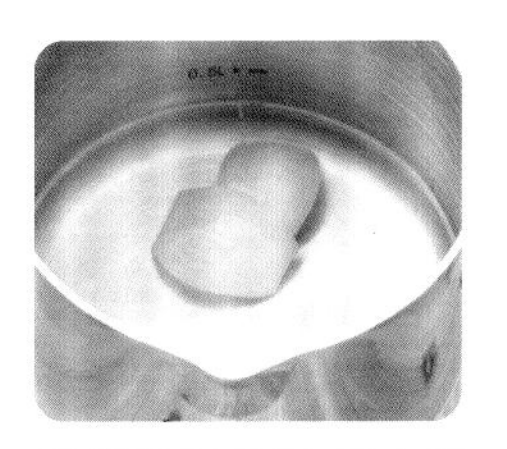

❸ 洋葱去皮后入沸水焯 1 分钟左右。

❹ 焯好的洋葱切成 5 mm^3 大的小丁。

❺ 紫菜以小火炒一下后用石臼捣细。

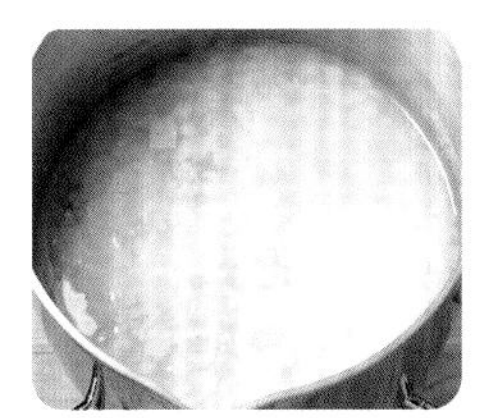

❻ 将泡好的大米、三文鱼、洋葱放入适量的水中，大火烧开的同时，用饭勺不停地搅动。烧开后转小火，煮至米粒软烂。

❼ 放入紫菜，混合均匀，煮成软饭。

小银鱼黑芝麻软饭

材料 大米 60 g，
小银鱼 10 g，
黑芝麻 5 g，
水 200 mL

所需时间约 **25** 分钟

小银鱼和黑芝麻都含有丰富的蛋白质和钙，以及人体必需的氨基酸和不饱和脂肪酸，对宝宝的生长发育十分有益。

做法

❶ 小银鱼咸味较重，需先用清水浸泡 5 分钟，然后放到沥干篮上沥干水分。

❷ 将平底锅烧热，放入小银鱼，炒至水分全无。

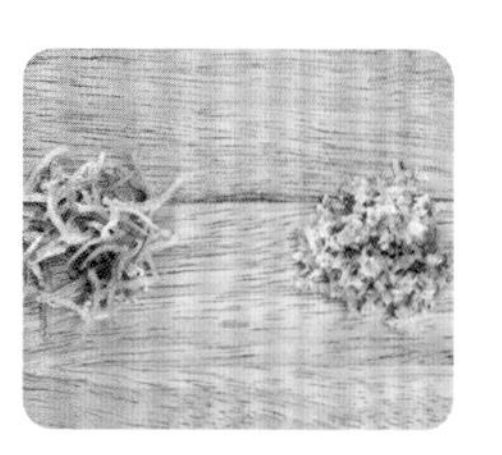

❸ 炒好的小银鱼切成 3 mm 长的小丁。

❹ 平底锅烧热后放入黑芝麻，快速翻炒一下。

❺ 炒好的芝麻用石臼捣细。

❻ 将泡好的大米、小银鱼放入适量的水中，大火烧开的同时，用饭勺不停地搅动。烧开后转小火，煮至米粒软烂。

❼ 放入黑芝麻，混合均匀，再煮 1 分钟，煮成软饭。

蔬菜大酱软饭

材料 大米 60 g，
胡萝卜 30 g，
西葫芦 30 g，
大酱 1/4 小勺，
水（或牛肉高汤）200 mL

所需时间约 **25** 分钟

大酱含有丰富的蛋白质，蔬菜含有丰富的维生素，两者搭配在一起，是一道对宝宝成长发育十分有益的美食。

做法

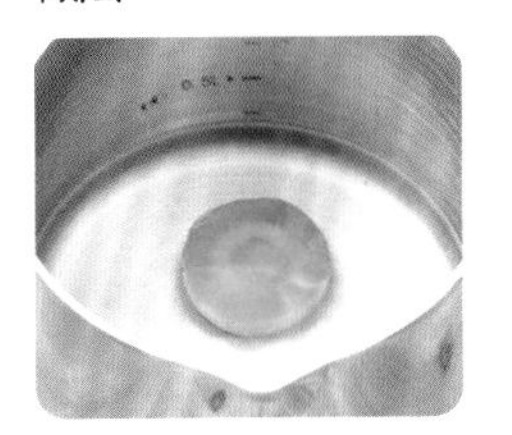

❶ 胡萝卜去皮，洗净，入沸水焯 2 分钟。

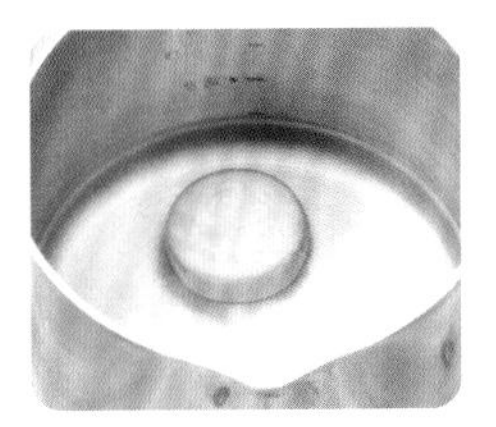

❷ 西葫芦洗净，入沸水焯 1 分钟。

❸ 焯好的胡萝卜和西葫芦切成 5 mm^3 大的小丁。

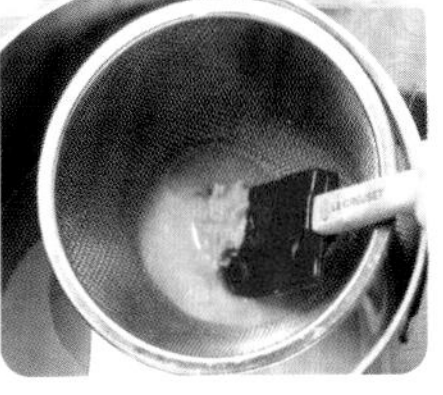

❹ 用水将大酱冲开。利用滤网可以使大酱不结块。

❺ 将泡好的大米、胡萝卜、西葫芦放入大酱水中用大火烧开，同时用饭勺不停地搅动。

❻ 烧开后转小火，将米粒煮至软烂，成为软饭。

小窍门

大酱味道较咸，不宜使用太多。制作过程中要尝一下咸淡，必要时应当适量添加水。

鸡胸肉紫菜软饭

紫菜含钙，对孩子成长期的肌肉发育很有好处。鸡胸肉味道略腥，加入紫菜后则多了一些咸咸的味道，孩子会非常喜欢吃。

材料 大米 60 g，
鸡胸肉 30 g，
紫菜 1/4 张，
水 200 mL

所需时间约 **25** 分钟

做法

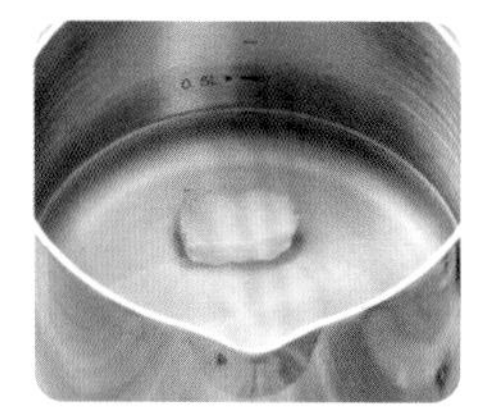

❶ 鸡胸肉去掉皮、筋、脂肪，入沸水焯 3 分钟左右。

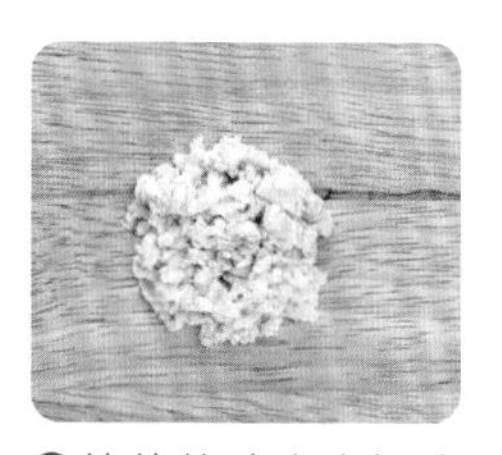

❷ 焯熟的鸡胸肉切成 5 mm^3 大的小丁。

❸ 紫菜在锅中炒一下，然后用石臼捣碎。

❹ 将泡好的大米、鸡胸肉放入适量的水中，大火烧开的同时，用饭勺不停地搅动。

❺ 放入紫菜，边搅动边将米粒煮至软烂，成为软饭。

紫菜应选用未经加工的原味紫菜。

大麦蔬菜软饭

大麦比大米硬，所以浸泡时间是大米的2倍以上。泡好后的大麦跟大米混合在一起，比例为1∶1，二者跟蔬菜一起入饭能提高消化吸收率。

材料 大米30 g，
大麦30 g，
西葫芦20 g，
胡萝卜20 g，
洋葱20 g，
水（或牛肉高汤）200 mL

所需时间约 **25** 分钟

做法

❶ 大麦在冷水中浸泡4小时以上。大米泡2小时左右即可。

❷ 胡萝卜和洋葱去皮后洗净，西葫芦洗净，然后一起放入沸水中焯1分钟。

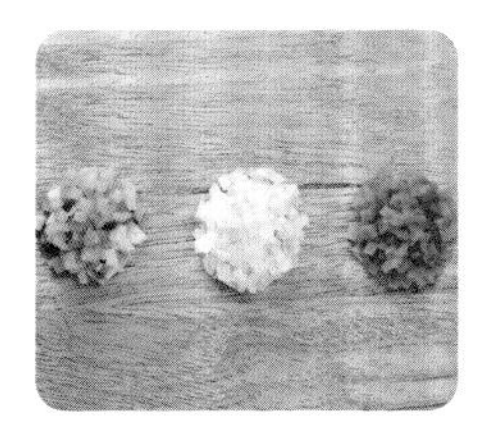

❸ 焯好的蔬菜切成5 mm^3 大的小丁。

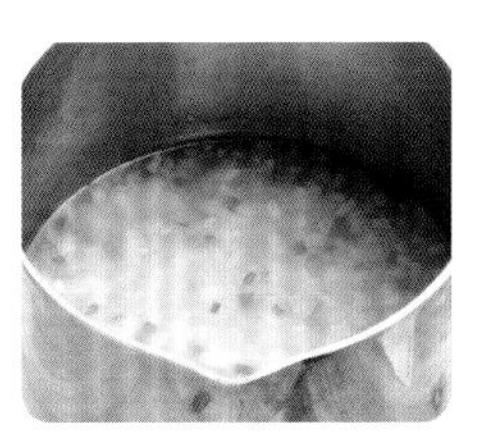

❹ 将泡好的大米、大麦、胡萝卜、洋葱、西葫芦放入适量的水中，大火烧开。

❺ 水开后转小火，煮至米粒软烂，做成软饭。

鸡蛋大葱软饭

大葱中的蒜素散发出特有的辣味，它能帮助身体御寒，还能减轻咳嗽的症状。大葱没有熟透容易有辣味，孩子会不喜欢，所以要充分做熟才可以哦。

材料 大米 60 g，
蛋黄 1 个，
大葱 20 g，
水 200 mL

所需时间约 **25** 分钟

做法

❶ 鸡蛋分离出蛋黄。

❷ 除去蛋黄上面白色的膜。

❸ 用筷子将蛋黄打散。

❹ 大葱择好后洗净，入沸水焯 5 分钟。

❺ 焯好的大葱切成 3 mm³ 大的小丁。

❻ 将泡好的大米和大葱放入适量的水中，大火烧开的同时，不停地用饭勺搅动。水开后转小火再煮 5 分钟。

❼ 鸡蛋黄液转圈倒入锅中，慢慢搅动，煮至饭粒软烂，做成软饭。

梨子松仁软饭

松仁含有丰富的不饱和脂肪酸，有助于大脑发育，能让身体恢复元气；和梨搭配在一起，香喷喷的，还甜甜的。孩子精神不振的时候吃一点能调动食欲。

材料 大米 60 g，
梨 40 g，
松子 10 g，
水 200 mL

所需时间约 **25** 分钟

做法

❶ 梨洗净后去掉皮和里面的果核，然后切成 5 mm^3 大的小丁。

❷ 松仁洗净后在滤网上沥干水分，然后切成 2 mm 长的小丁。

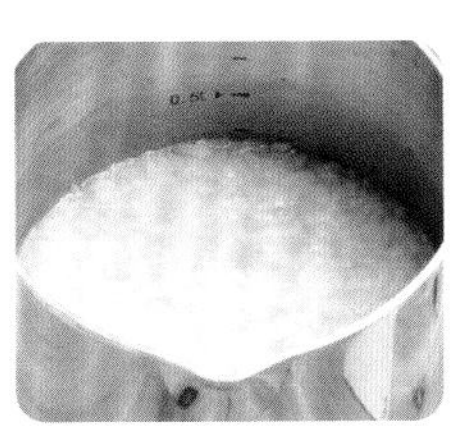

❸ 将泡好的大米和梨、松仁放入适量的水中，大火烧开的同时，用饭勺不停地搅动。

❹ 烧开后转小火，煮至米粒软烂，成为软饭。

香菇虾仁软饭

虾仁和香菇是一对极好的食物搭配。虾仁的胆固醇含量较高，而香菇含有丰富的膳食纤维，膳食纤维可以降低胆固醇的吸收。

材料 大米 60 g，
香菇 30 g，
虾仁 30 g，
水 200 mL

所需时间约 **25** 分钟

做法

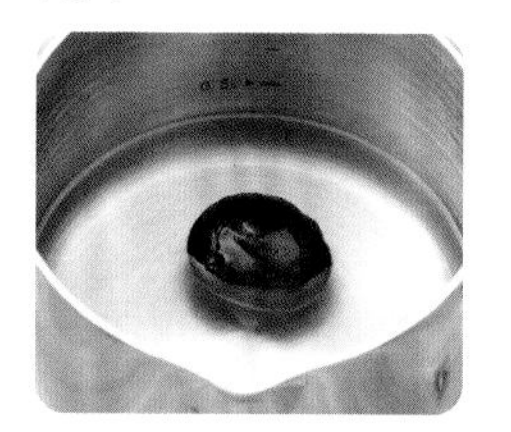

❶ 香菇去掉菌柄后洗净，入沸水焯 2 分钟左右。

❷ 焯好的香菇切成 5 mm³ 大的小丁。

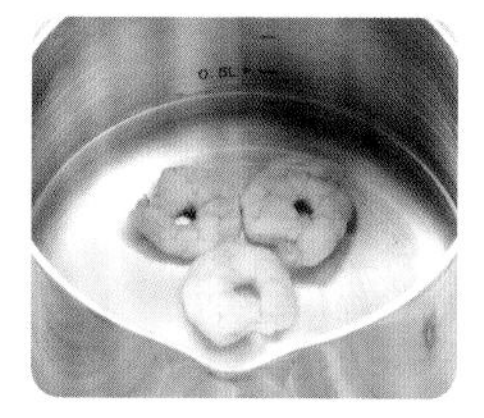

❸ 剥好的虾仁洗净，入沸水焯 2 分钟左右。

❹ 焯好的虾仁切成 5 mm³ 大的小丁。

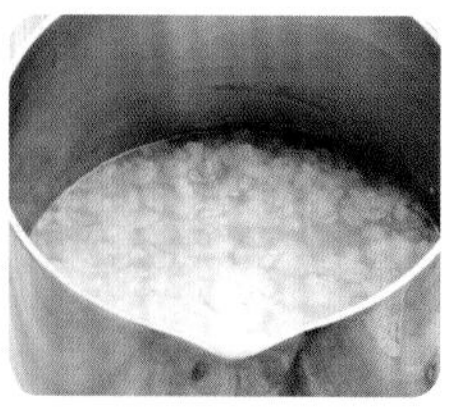

❺ 将泡好的大米、虾仁放入适量的水中，大火烧开的同时，用饭勺不停地搅动。烧开后转小火，再煮 5 分钟。

❻ 放入香菇，慢慢搅动，煮成米粒软烂的软饭。

大麦嫩豆腐软饭

大麦含有丰富的膳食纤维，能健肠胃，还有助于体力恢复。大麦性凉，有去热的功效，同时对脱水症状也有一定的改善作用。

材料 大米 30 g，
大麦 30 g，
嫩豆腐 30 g，
水（或海带高汤）200 mL

所需时间约 **25** 分钟

做法

❶ 大麦在水里浸泡 4 小时。大米泡 2 小时左右。

❷ 嫩豆腐入沸水焯 1 分钟，沥干水分。

❸ 焯好的嫩豆腐用压碎器压成泥。

❹ 将泡好的大米、大麦、嫩豆腐放入适量的水中，大火烧开的同时，用饭勺不停地搅动。

❺ 水烧开后转小火，慢慢搅动，煮成米粒软烂的软饭。

口蘑蔬菜软饭

在所有的蘑菇当中，口蘑的蛋白质含量较高，同时它还含有丰富的矿物质和膳食纤维。有的宝宝吃不了鸡蛋，不妨用口蘑来给宝宝补充蛋白质。

材料 大米 60 g，
口蘑 20 g，
洋葱 10 g，
胡萝卜 10 g，
西葫芦 10 g，
水（或鸡肉高汤）200 mL

所需时间约 **25** 分钟

做法

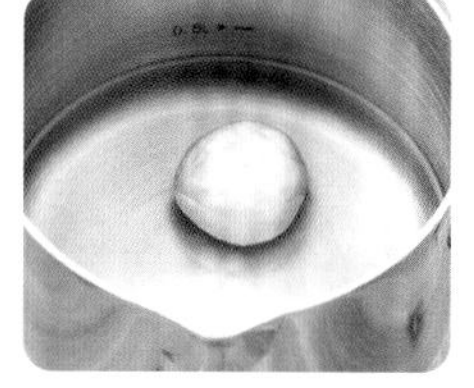

❶ 口蘑在水流下冲洗干净，去掉菌柄和外皮，入沸水焯 2 分钟左右。

❷ 焯好的口蘑切成 5 mm³ 大的小丁。

❸ 胡萝卜和洋葱去皮，西葫芦洗净，一起放入沸水中焯 1 分钟左右。

❹ 焯好的蔬菜切成 5 mm³ 大的小丁。

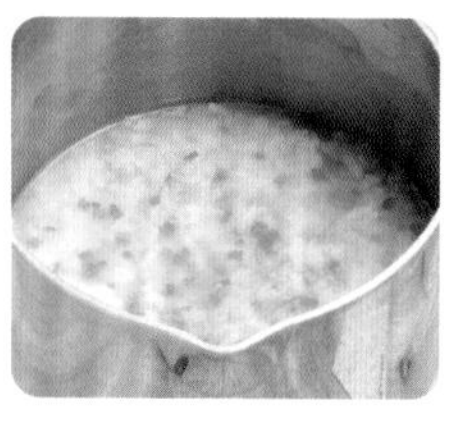

❺ 将泡好的大米和❹中的蔬菜放入适量的水中，大火烧开的同时，用饭勺不停地搅动。烧开后转小火，再煮 5 分钟。

❻ 放入口蘑，慢慢搅动，煮成米粒软烂的软饭。

小窍门

口蘑在水中稍微冲洗一下就去掉菌柄和外皮，这样才能避免营养成分流失。

青椒燕麦软饭

这款辅食是由蛋白质丰富的燕麦和维生素、矿物质丰富的青椒做成的。虽然没有放肉，但是对于恢复体力有很好的效果，还能解暑。

材料 大米 30 g，
燕麦 30 g，
胡萝卜 20 g，
青椒 20 g，
水 200 mL

所需时间约 **25** 分钟

做法

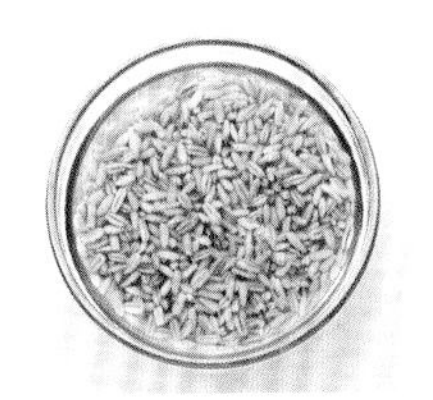

❶ 燕麦在水里浸泡 6 小时，大米浸泡 2 小时，然后放在沥干篮里沥干水分。

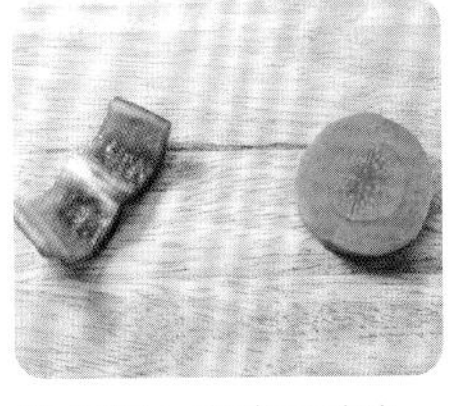

❷ 胡萝卜去皮后洗净，青椒洗净后取肉备用。

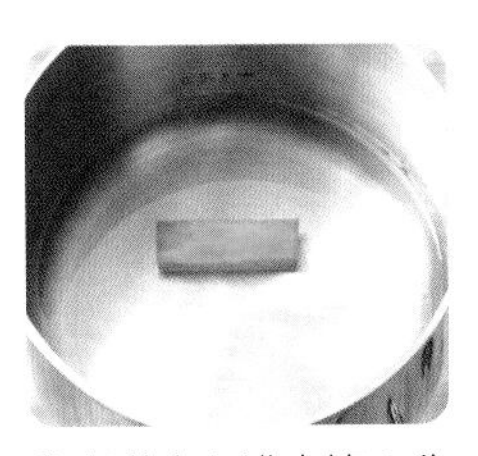

❸ 胡萝卜入沸水焯 2 分钟，青椒焯 1 分钟。

❹ 焯好的蔬菜切成 5 mm^3 大的小丁。

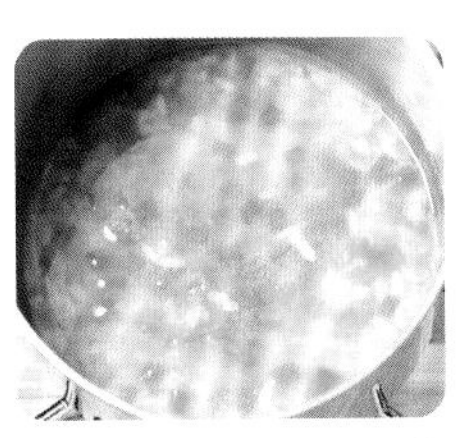

❺ 将泡好的燕麦和大米、青椒、胡萝卜放入适量的水中，一边搅动一边烧开。

❻ 烧开后，转小火。将燕麦和大米粒煮至软烂，成为软饭。

牛肉油菜软饭

为了增强对牛肉的消化吸收，最好在牛肉中加入绿色蔬菜。也可以用塔菜或菠菜来代替油菜。

材料 大米 60 g，
牛里脊肉 30 g，
油菜 30 g，
水 220 mL

所需时间约 **25** 分钟

做法

❶牛肉在冷水中浸泡20 分钟，泡去血水后洗净，然后入沸水焯 3 分钟左右。

❷焯熟的牛肉切成 5 mm³ 大的小丁。

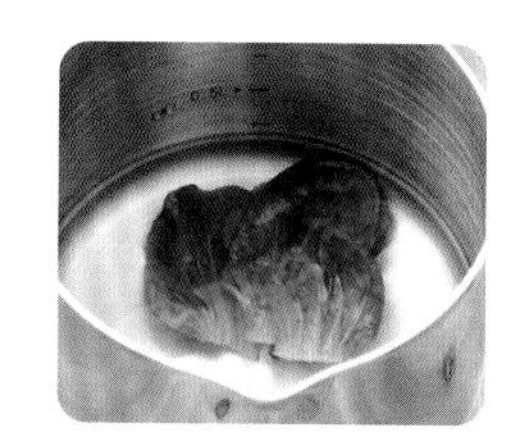

❸油菜只取叶子部分，洗净后入沸水焯 1 分钟。

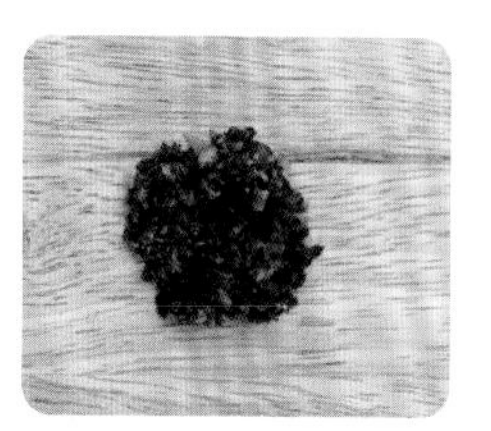

❹焯好的油菜切成 5 mm 长的碎片。

❺将泡好的大米、牛肉、油菜放入适量的水中，大火烧开。

❻烧开后转小火，直到煮成米粒软烂的软饭。

海带蔬菜软饭

海带是一种营养丰富的海藻类植物，但是辅食中用得不是特别多。海带表面的褐藻酸要洗干净，然后再切开，这样做饭时就方便多了。

材料 大米 60 g，
胡萝卜 15 g，
西葫芦 15 g，
海带 10 g，
洋葱 15 g，
水 200 mL

所需时间约 **25** 分钟

做法

❶海带在水中浸泡 10 分钟。

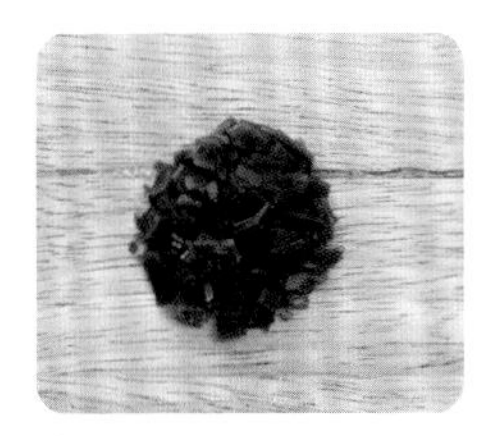

❷泡好的海带切成 3 mm 长的小丁。

❸胡萝卜和洋葱去皮，西葫芦洗净，一起放入水中焯 1 分钟。

❹焯好的蔬菜切成 5 mm^3 大的小丁。

❺将泡好的大米、海带、胡萝卜、西葫芦、洋葱放入适量的水中，大火烧开。

❻烧开后转小火，直到煮成米粒软烂的软饭。

带鱼白萝卜软饭

带鱼含有大量的不饱和脂肪酸等营养物质。白萝卜富含植物纤维，有助于肠道健康，还能帮助消化吸收。白萝卜和带鱼一起做成辅食，易消化，而且十分爽口。

材料 大米 60 g，
带鱼 30 g，
白萝卜 30 g，
水 200 mL

所需时间约 **25** 分钟

做法

❶ 带鱼洗净后放入烧开的蒸器中蒸 10 分钟。

❷ 去掉鱼皮，剔净鱼刺，将鱼肉剁细。

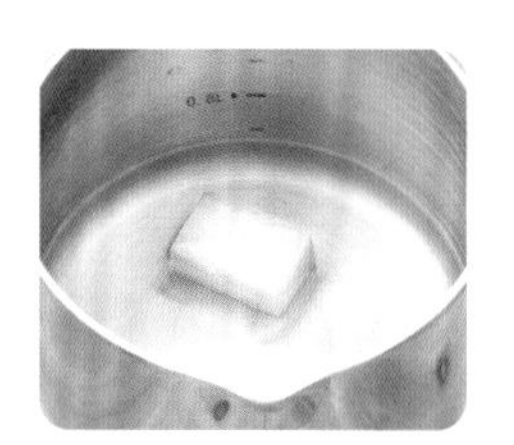

❸ 白萝卜用刮皮器去皮后洗净，然后放入沸水中焯 2 分钟。

❹ 焯好的白萝卜切成 5 mm^3 大的小丁。

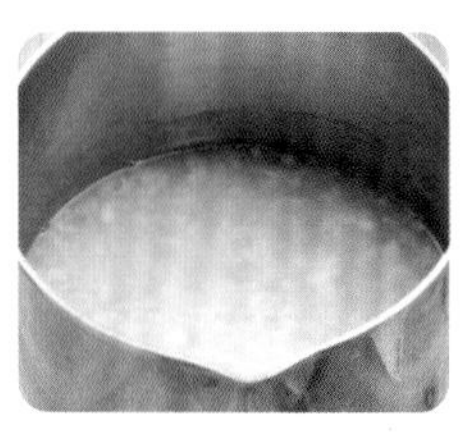

❺ 将泡好的大米、鱼肉、白萝卜放入适量的水中，大火烧开。

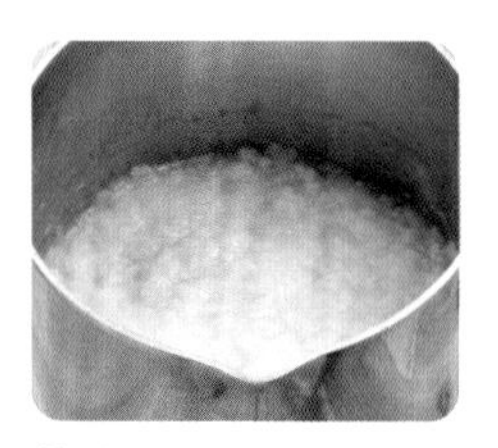

❻ 烧开后转小火，直到煮成米粒软烂的软饭。

海青菜蔬菜软饭

海青菜是夏季具有代表性的海藻类食物。它含有能调节人体新陈代谢的矿物质。而蔬菜含有维生素C，二者一同食用，能提高宝宝对铁的吸收。

材料 大米 60 g，
海青菜 10 g，
胡萝卜 10 g，
西葫芦 15 g，
洋葱 15 g，
水 220 mL

所需时间约 **25** 分钟

做法

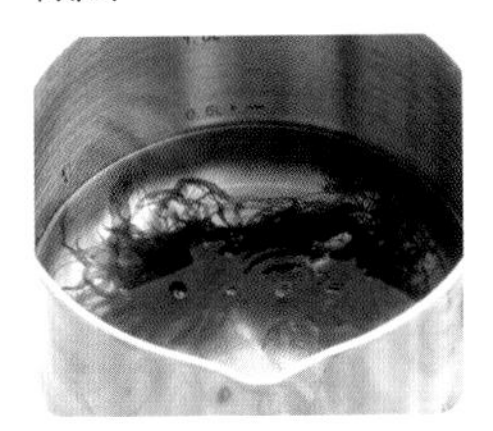

❶ 海青菜洗净后入沸水焯 2 分钟，然后放入沥干篮沥干水分。

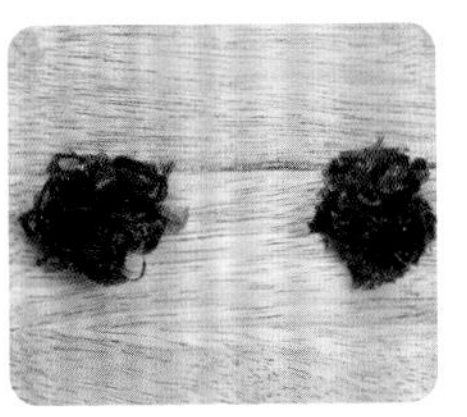

❷ 焯好的海青菜切成 3 mm 长的小丁。

❸ 胡萝卜和洋葱去皮后洗净，西葫芦洗净，然后一同放进沸水中焯 1 分钟。

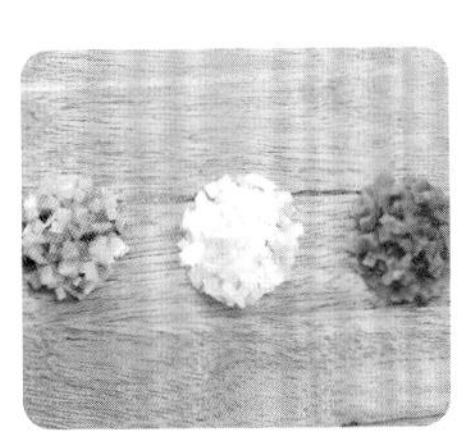

❹ 焯好的蔬菜切成 5 mm^3 大的小丁备用。

❺ 将泡好的大米、海青菜、胡萝卜、洋葱、西葫芦放入适量的水中，大火烧开。

❻ 烧开后转小火，直到煮成米粒软烂的软饭。

鸡胸肉大枣软饭

干大枣中的维生素A和维生素C含量比苹果要高很多，铁和钙含量也非常丰富。生吃鲜枣可能会引起腹泻，宝宝周岁前最好吃在水中泡好的干大枣。

材料 大米 60 g，
鸡胸肉 30 g，
大枣 4 颗，
水 200 mL

所需时间约 **25** 分钟

做法

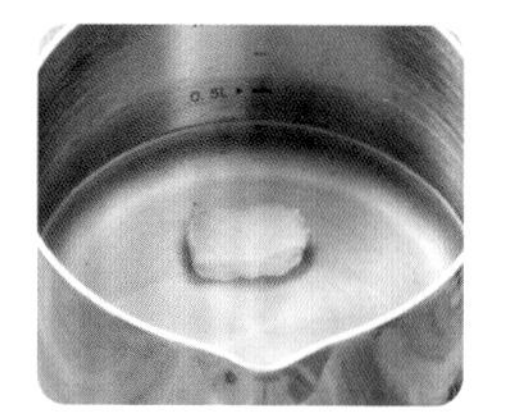

❶ 鸡胸肉去掉皮、筋、脂肪，然后入沸水焯 3 分钟左右。

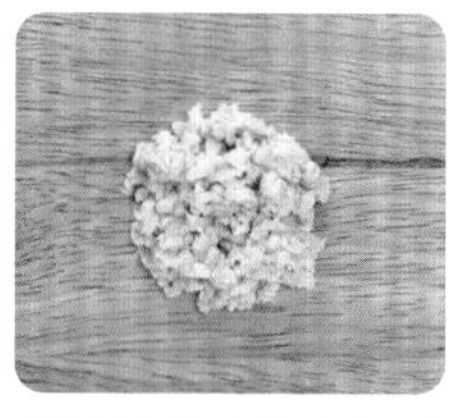

❷ 焯熟的鸡胸肉切成 5 mm³ 大的小丁。

❸ 大枣洗净后在水里泡 20 分钟左右。

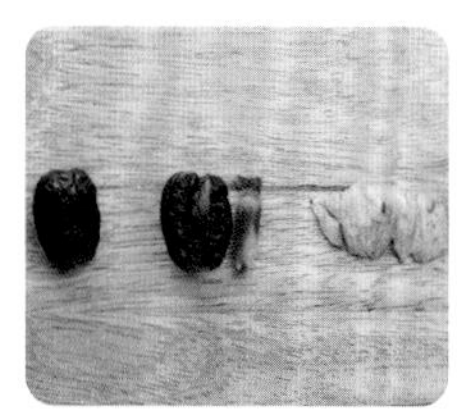

❹ 泡好的大枣去掉中间的核，再去掉皮。

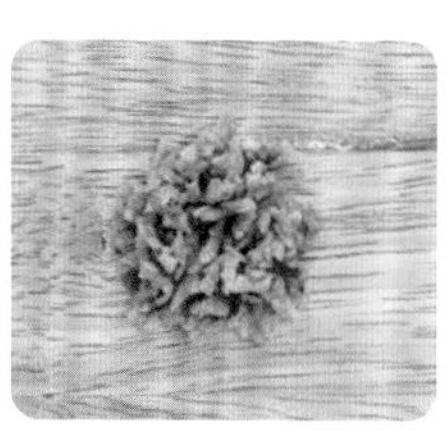

❺ 将大枣肉切成 3 mm³ 大的小丁。

❻ 将泡好的大米、鸡胸肉、大枣放入适量的水中，大火烧开。

❼ 烧开后转小火，直到煮成米粒软烂的软饭。

豆腐芝麻蔬菜软饭

材料 大米 60 g，
豆腐 30 g，
白芝麻 5 g，
西葫芦 10 g，
胡萝卜 10 g，
洋葱 10 g，
水（或海带高汤）200 mL

所需时间约 **25** 分钟

白芝麻炒香后磨细，香味会更浓，宝宝很喜欢吃，但过食容易引起消化不良，所以偶尔少吃一点比较好。

做法

❶ 豆腐在水里焯 1 分钟，然后放在滤网上沥干水分。

❷ 焯好的豆腐压成泥。

❸ 胡萝卜和洋葱去皮，西葫芦洗净，一起放入沸水中焯 1 分钟。

❹ 焯好的蔬菜切成 5 mm³ 大的小丁。

❺ 在热锅中将白芝麻快速翻炒一下。

❻ 炒香的白芝麻用石臼捣细。

❼ 泡好的大米和豆腐、胡萝卜、洋葱、西葫芦放入适量的水中，烧开后转小火，将米粒煮开花。

❽ 加入白芝麻，用饭勺一边搅动，一边再煮 1 分钟，煮成米粒软烂的软饭。

鳕鱼豆芽软饭

鳕鱼和比目鱼、鲽鱼一样，都属于白色肉鱼，腥味不重，味道清淡，是一种适合婴幼儿食用的鱼类。鳕鱼中加入黄豆芽，有利于消化吸收，可谓锦上添花。

材料 大米 60 g，
黄豆芽 30 g，
鳕鱼 30 g，
水 200 mL

所需时间约 **25** 分钟

做法

❶ 鳕鱼在水流下冲洗干净，放入烧开的蒸器中蒸 10 分钟。

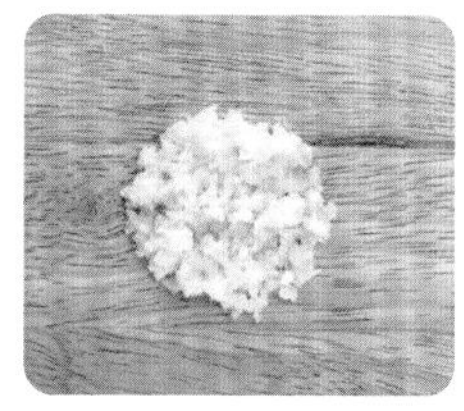

❷ 蒸熟的鱼肉去掉皮，剔净鱼刺，剁细。

❸ 黄豆芽去掉两端的部分，洗净后入沸水焯 2 分钟。

❹ 焯好的豆芽切成 5 mm 长的小丁。

❺ 将泡好的大米、鱼肉、豆芽放入适量的水中，大火烧开。

❻ 烧开后转小火，煮至米粒软烂，成为软饭。

豆腐平菇软饭

豆腐和平菇都含有丰富的蛋白质，口感柔软，易于消化，是非常健康的辅食食材。

材料 大米 60 g，
豆腐 30 g，
平菇 30 g，
水（或海带高汤）200 mL

所需时间约 **25** 分钟

做法

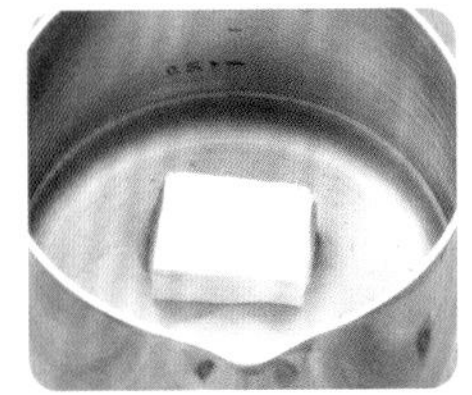

❶ 豆腐入沸水焯 1 分钟，然后放到沥干篮里沥干水分。

❷ 焯好的豆腐均匀压成泥。

❸ 平菇去根后洗净，然后入沸水焯 2 分钟左右。

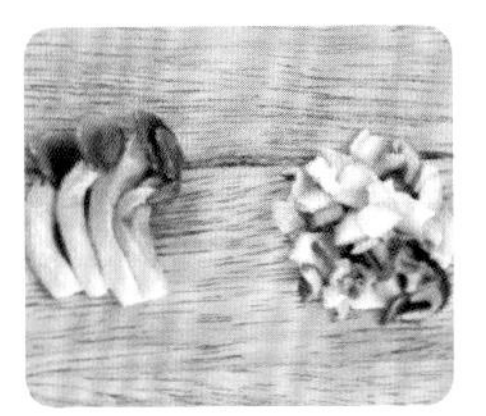

❹ 焯好的平菇切成 5 mm^3 大的小丁。

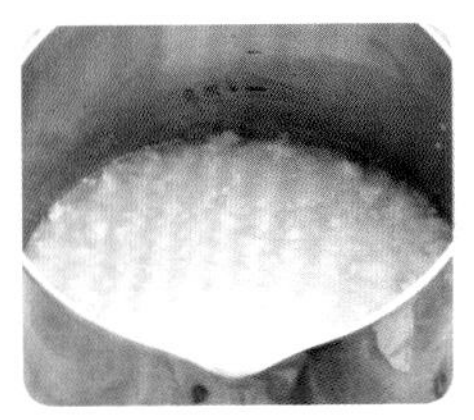

❺ 将泡好的大米、豆腐、平菇放入适量的水中，大火烧开。

❻ 烧开后转小火，煮至米粒软烂，成为软饭。

小窍门

颜色过白的平菇可能使用了漂白剂，选购时要注意。菌盖完好没有裂开的是新鲜的平菇。

牛肉海青菜软饭

海青菜含有丰富的钙和铁等矿物质，能使成长期孩子的骨骼变得强壮。海青菜跟牛肉搭配在一起，营养成分更为全面。

材料 大米 60 g，
牛里脊肉 30 g，
海青菜 10 g，
水 200 mL

所需时间约 **25** 分钟

做法

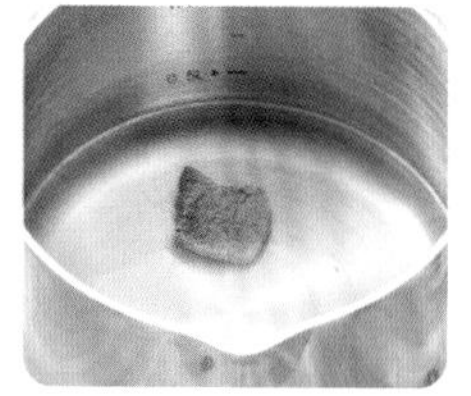

❶牛肉在清水中浸泡 20 分钟，泡出血水后洗净，然后入沸水焯 3 分钟。

❷焯熟的牛肉切成 5 mm^3 大的小丁。

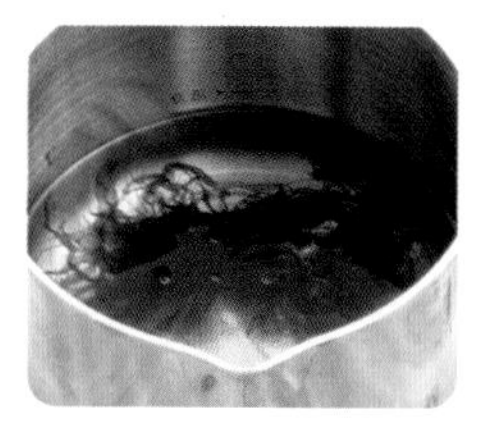

❸海青菜洗净后入沸水焯 2 分钟，然后放到沥干篮里沥干水分。

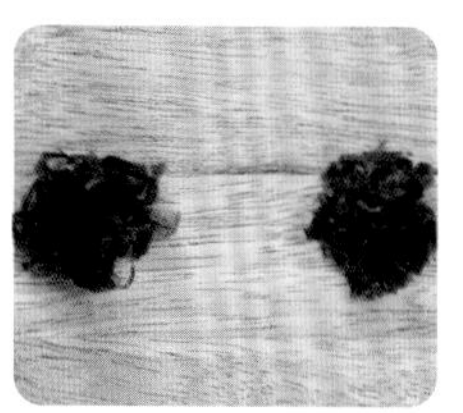

❹焯好的海青菜切成 3 mm 长的小丁。

❺将泡好的大米、牛肉、海青菜放入适量的水中，大火烧开。

❻烧开后转小火，煮至米粒软烂，成为软饭。

黑豆蔬菜软饭

材料 大米 60 g，
黑豆 20 g，
洋葱 10 g，
胡萝卜 10 g，
西葫芦 10 g，
水 200 mL

所需时间约 **30** 分钟

黑豆含有大量的蛋白质和B族维生素，被誉为“地里长出的牛肉”，是一种不错的食材。

做法

❶ 黑豆洗净后在水里泡足 6 小时。

❷ 泡好的黑豆入沸水煮 10 分钟左右。

❸ 煮熟的黑豆去皮，切成 3 mm^3 大的小丁。

❹ 胡萝卜和洋葱去皮，西葫芦洗净，一起入沸水焯 1 分钟左右。

❺ 焯好的蔬菜切成 5 mm^3 大的小丁。

❻ 将泡好的大米、黑豆、胡萝卜、洋葱、西葫芦放入适量的水中，大火烧开。

❼ 烧开后转小火，煮至米粒软烂，成为软饭。

后期零食

苹果红薯薄煎饼

材料　红薯 1 个，苹果 1/4 个，龙舌兰糖浆 2 大勺，牛奶 1 大勺，植物油适量

做法

❶ 红薯洗净后带皮蒸 25 分钟，使之熟透。

❷ 苹果洗净后去皮，去核，切成 2 mm 厚的薄片。

❸ 把平底锅烧热，往锅里倒一点植物油，放入苹果和糖浆，小火加热 1 分钟左右。

❹ 把蒸熟的红薯、做法 ❸ 的苹果糖浆、牛奶放入搅拌机，均匀打细。

❺ 利用圆形的模子固定出好看的形状。

红薯片

材料　红薯 1 个

做法

❶ 红薯洗净后带皮蒸 25 分钟，使之熟透。

❷ 蒸熟的红薯切成 5 mm 厚的薄片。

❸ 把红薯放进透气的簸箩里，在通风处放上半天，自然晾干。

乳清干酪

材料　牛奶 100 mL，生奶油 500 g，柠檬汁 7 大勺，盐 1/4 小勺

做法

❶ 将牛奶和生奶油放入锅中，大火烧开。

❷ 烧开后转小火，加入柠檬汁和盐。

❸ 以小火煮 50 分钟，其间搅动 2 次。

❹ 煮好后用纱布或滤纸包住，放到滤网上，上面放一个重物，保持 1 小时，沥干水分。

* 宝宝不一定能适应牛奶和生奶油，每次要少喂一点。

奶酪球

材料　豆腐 1/4 块，胡萝卜 10 g，西蓝花 10 g，蛋黄 1 个，有机面粉 2 大勺，牛奶 1 大勺，奶酪 1/2 块，植物油适量

做法

❶ 挤出豆腐里面的水分后压碎。

❷ 胡萝卜去皮后洗净，西蓝花掰成小朵后洗净，入沸水焯 1 分钟左右。

❸ 把胡萝卜和西蓝花切成 2 mm^3 大的小丁；奶酪切小块。

❹ 从鸡蛋中分离出蛋黄。

❺ 碗中放入豆腐、蔬菜、蛋黄、面粉、牛奶，搅拌均匀后，做成小圆球。

❻ 锅中放少许油，烧热后放入小圆球，翻动着煎至熟。

❼ 趁热在小圆球上放上奶酪。

第五章

12 个月龄以上完成期辅食

“用牙把饭嚼细吃。”

这时的宝宝应该已经长牙。这意味着宝宝可以吃固态食物了。

此时的宝宝可以断掉母乳或奶粉，把辅食作为主食。但是断奶后，一定要保证辅食的量，要保证宝宝能摄取足够的营养。

虽然目前为止，喂给宝宝的都是比较软的饭，但是宝宝马上就可以像大人一样吃米饭和菜了。到了完成期，就要慢慢培养宝宝养成像大人一样的饮食习惯了。但是让他（她）将米饭跟菜搭配吃还有点早，所以最好用不同的方法对米饭进行料理，让他（她）适应米饭。

完成期辅食的注意点

这一时期是从辅食到幼儿食品的过渡时期，也是训练宝宝像大人一样吃饭的准备时期。宝宝活动所需的能量和身体发育必需的营养大部分都是通过辅食获得的，因此，一定要把宝宝喂饱哦。

☑ 食材和烹饪方法要多样

通过多种食材和不同的烹饪方法制作辅食，让宝宝对吃饭感兴趣。

☑ 一天 3 次

每天 3 次，在固定的时间（如 8 点、12 点、18 点）喂宝宝吃饭。

☑ 食物要嚼细

爸爸妈妈可以表演吃饭的样子给宝宝看，让宝宝学会把东西嚼细再吃。

☑ 零食

宝宝的活动量增大了，肚子很容易饿。一天要给宝宝吃 2 次零食。

☑ 喂奶

开始时一天喂 2 次母乳或奶粉，然后逐渐减少奶量和次数，夜里不再喂奶。

☑ 鲜牛奶

宝宝周岁后并不是必须要喝鲜牛奶，断奶后，鲜牛奶可以作为一种饮料，成为宝宝的营养补充剂。如果宝宝不喜欢喝，就不要强迫。即使宝宝喜欢喝，一天也不要超过 400 mL。

☑ 吃饭的习惯

如果宝宝吃饭时不停地用勺子捣乱或者闹脾气不肯吃饭，不要强喂，把饭收走。要让宝宝养成好的吃饭习惯，这点很重要。

☑ 早饭

早饭一定要吃。如果不吃早饭，午饭和晚饭很容易吃多，容易导致儿童肥胖。

完成期辅食，请这样来喂

- 在固定的地点、固定的时间，让宝宝坐在幼儿餐椅里自己吃饭。
- 一天喂 3 次辅食：8 点、12 点、18 点。每次吃 120~150 g。
- 比起真正吃饭的时间，宝宝玩闹的时间有可能会更长。所以每顿饭的时间要控制在 30 分钟以内。过了这个时间就可以把饭收起来。
- 果汁和牛奶最好用杯子喝，也可以用吸管杯喝。

❶ 一口一口把饭嚼细

❷ 咕嘟咕嘟来喝水

完成期辅食一天量表（一天 3 次）

完成期辅食食材介绍

完成期基本上可以使用大人食用的所有食材。不过，在食用过蓝背海鱼、贝类、坚果类、桃子、草莓等容易引起过敏的食物后，父母一定要注意观察宝宝的反应。可以用烤、炒等多种料理方法来调动宝宝的食欲，也可以使用少量天然调味品，给食物带来清淡的口味。食物可以切成适合宝宝用牙齿咀嚼的小块，做得较软一些。

猪肉 四季
猪肉中的维生素 D 比牛肉还多，另外还含有丰富的矿物质，对成长期的孩子十分有益。注意要使用脂肪含量低的部位。

玉米 应季 7~9 月
含有丰富的膳食纤维，能预防便秘。

西红柿 应季 7~9 月
富含维生素 C 和矿物质，使用前在热水中焯一下，去掉皮。

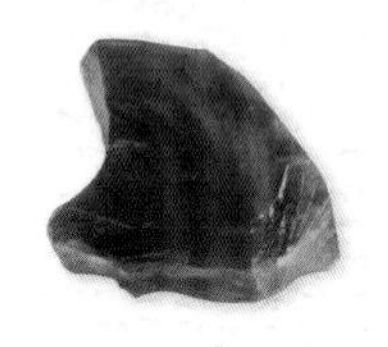

金枪鱼 四季
含有对大脑发育极佳的 DHA、蛋白质和脂肪。

螃蟹 应季 10 月 ~ 次年 3 月
含有丰富的人体必需氨基酸，脂肪含量少，易消化。

扇贝 应季 11~12 月
富含人体必需氨基酸，成长发育期的孩子吃一点非常好。

蛤蜊 应季 2~4 月
蛤蜊含有大量的血红蛋白的组成元素——铁，故能预防贫血。

提示

桃子： 虽含有丰富的蛋白质和人体必需氨基酸，但是皮上的毛易引起过敏，最好晚一些再喂给宝宝吃。

草莓： 虽含有丰富的维生素 C，但是草莓的种子有可能会引起过敏，可以晚一些再喂给宝宝吃。

猕猴桃： 虽含有丰富的维生素，但是皮上的毛易引起过敏，最好晚一些再喂给宝宝吃。完成期以后，可以给宝宝喂食酸味不重的黄金猕猴桃。

坚果类： 容易引起过敏，脂肪含量较高，最好晚一些再喂给宝宝吃。坚果含有的有助于大脑发育的成分较多，因此，可将其捣碎或磨细，等宝宝周岁后再给他（她）吃。

完成期辅食料理指南

大米

米和水的比例为 1 ： 2，做成软饭。

肉

切成容易咀嚼的 5 mm^3 大的小丁。猪肉要去掉里面的脂肪后使用。

叶类蔬菜

入沸水焯一下，然后把叶子部分切成 0.5~1 cm 长的碎片备用。

块状蔬菜

切成 0.5~1 cm^3 的小块，这样宝宝容易咬。

烹饪要点

现在宝宝还不能很好地使用勺子或叉子，所以最好把饭菜混合，做成一小碗，喂给宝宝吃。
米饭做成软饭后较容易消化。

完成期辅食调味品

辅食初期到后期都不要使用任何调味品，最好只用天然的材料去调味。如果宝宝吃惯了较甜或较咸的口味，很容易引起日后偏食。不过进入完成期后，宝宝差不多就能吃跟大人一样的饭了，所以也可以在食物中稍微加一点调味料来调味。

低钠盐（海盐）

龙舌兰糖浆

有机番茄酱

有机蛋黄酱

100% 纯橄榄油

白砂糖

有机面粉

有机低钠酱油

低聚糖

妈妈们的辅食经验谈

我家宝贝一直都挺喜欢吃红薯或土豆做的食物，一直到辅食的后期都是这样。进入完成期以后，突然就不爱吃红薯和土豆了。可能米饭本身水分就比较多，再加上稀溜溜的土豆和红薯，宝宝已经吃够这种食物了。所以我试着把土豆切成挂面一样的细丝，然后稍微炒了一下。这样做出来的土豆吃起来很清脆，孩子很爱吃。保持蔬菜原有的口感做成配菜也是一种不错的方法。

孝静妈妈（宝宝 13 个月大）

从宝宝能坐安全座椅开始，每到吃饭时间我们都让宝宝坐在旁边看我们吃饭。开始添加辅食后，宝宝一直吃得特别好，所以我基本上没怎么担心过宝宝吃饭的事。可是进入完成期后，宝宝就开始热衷于玩闹，不好好吃饭了。着急也没用，我拿出了幼儿餐勺，让宝宝握着，自己吃东西，我则在旁边陪着，让他觉得是在跟他一起玩游戏。宝宝吃进去一点，我就使劲表扬他，结果这一招还真管用。虽然宝贝吃得到处都是，每次都要花很久，但是宝贝带着成就感开开心心地吃饭，渐渐地又重新开始喜欢吃饭了。

道熏妈妈（宝宝 14 个月大）

如果一天三顿都给孩子吃同样的食物，孩子会腻的。所以，即使是同样的食物，我一般也会尽量做出不同的味道。比如，把紫菜弄细后拌进去，或者把豆腐压成泥后滴上一滴香油，这样味道就完全不一样了。

还有几个小窍门。首先，熬制肉类高汤的时候可以放一点大蒜。这不但能预防感冒，能提高宝宝的免疫力，还能遮一下肉腥味。其次，可以用五谷杂粮来制作辅食。将多种谷物放入水中（水量可以多一些）多煮一会儿，然后用煮过的水来制作食物，这样就能保证让孩子摄取多种营养，对便秘也很有好处。不要直接把海带放到水里煮高汤，而要先放到清水里泡一晚上，然后用泡的水来煮，这样煮出的高汤营养更丰富。

妍儿妈妈（宝宝 13 个月大）

12 个月龄以上的辅食食谱日历

上午 / 下午 / 晚上 辅食 3 次（8 点 /12 点 /18 点 辅食 120~150 g）+ 零食 2 次（10 点 /14 点）

上午 下午 晚上

周一	周二	周三	周四	周五	周六	周日
扇贝西红柿饭 牛肉蔬菜糙米饭 扇贝西红柿饭	牛肉蔬菜糙米饭 扇贝西红柿饭 牛肉蔬菜糙米饭	红薯蔬菜奶酪盖饭 鸡蛋蘑菇汤饭 红薯蔬菜奶酪盖饭	鸡蛋蘑菇汤饭 红薯蔬菜奶酪盖饭 鸡蛋蘑菇汤饭	蘑菇虾仁丸子汤 蛋卷饭 蘑菇虾仁丸子汤	蛋卷饭 蘑菇虾仁丸子汤 蛋卷饭	鸡肉刀削面 蘑菇虾仁丸子汤 鸡肉刀削面
鸡胸肉彩椒饭团 烤肉蔬菜盖饭 鸡胸肉彩椒饭团	烤肉蔬菜盖饭 牛肉卷心菜汤饭 烤肉蔬菜盖饭	香菇菠菜盖饭 牛肉卷心菜汤饭 香菇菠菜盖饭	牛肉卷心菜汤饭 香菇菠菜盖饭 牛肉卷心菜汤饭	蔬菜汉堡牛排 坚果蔬菜炒饭 蔬菜汉堡牛排	坚果蔬菜炒饭 蔬菜汉堡牛排 坚果蔬菜炒饭	苹果拌面 坚果蔬菜炒饭 苹果拌面
南瓜鸡胸肉饭 鸡蛋豆腐米饭羹 南瓜鸡胸肉饭	鸡蛋豆腐米饭羹 南瓜鸡胸肉饭 鸡蛋豆腐米饭羹	豆腐烧茄子盖饭 蛤蜊大酱汤饭 豆腐烧茄子盖饭	蛤蜊大酱汤饭 豆腐烧茄子盖饭 蛤蜊大酱汤饭	猪肉杂菜饭 小银鱼玉米炒饭 猪肉杂菜饭	小银鱼玉米炒饭 猪肉杂菜饭 小银鱼玉米炒饭	金枪鱼油豆腐饭卷 猪肉杂菜饭 金枪鱼油豆腐饭卷
小银鱼紫菜饭 金针菇松仁饭团 小银鱼紫菜饭	金针菇松仁饭团 小银鱼紫菜饭 金针菇松仁饭团	鸡胸肉奶酪盖饭 豆芽牛肉汤饭 鸡胸肉奶酪盖饭	豆芽牛肉汤饭 鸡胸肉奶酪盖饭 豆芽牛肉汤饭	香菇蒸肉 西红柿鸡蛋炒饭 香菇蒸肉	西红柿鸡蛋炒饭 香菇蒸肉 西红柿鸡蛋炒饭	乌冬面大酱汤 香菇蒸肉 乌冬面大酱汤

（大米、鸡蛋、胡萝卜、洋葱、西葫芦、葱、牛奶、奶酪为基本材料）

第 1 周 菜篮

扇贝、圣女果、牛里脊肉、糙米、红薯、鸡蛋、口蘑、香菇、虾、鸡胸肉、刀削面、彩椒

第 2 周 菜篮

鸡胸肉、彩椒、口蘑、牛里脊肉、香菇、菠菜、卷心菜、猪里脊肉、鸡蛋、核桃、面包粉、欧芹粉、松仁、龙须面、苹果，白芝麻

第 3 周 菜篮

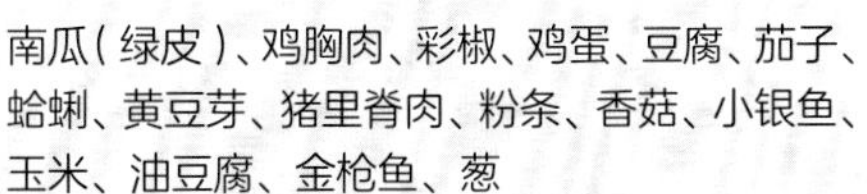

南瓜（绿皮）、鸡胸肉、彩椒、鸡蛋、豆腐、茄子、蛤蜊、黄豆芽、猪里脊肉、粉条、香菇、小银鱼、玉米、油豆腐、金枪鱼、葱

第 4 周 菜篮

乌冬面、豆腐、金针菇、松仁、鸡胸肉、黄豆芽、牛里脊肉、香菇、西红柿、西蓝花、鸡蛋、葱、小银鱼、紫菜

宝宝满周岁后，一天要吃 3 次辅食，期间补充零食，以保证摄取足够的营养。可以用鲜牛奶代替母乳或奶粉，但这只是饮料，并非主食，一天不要超过 400 mL。果汁的量一天也不要超过 100 mL。因为果汁中的糖分较多，而且果汁中的某些成分会给宝宝的肠胃带来一定的负担。做软饭的时候，泡好的大米跟水的比例为 1 ： 2。也可以将大米与糙米、杂粮以适当的比例混合，让宝宝逐步适应杂粮饭。可以用天然调味品和低钠酱油、低聚糖等调味品给食物调一下味。

扇贝
圣女果饭

材料 大米 100 g，
水 200 mL，
扇贝 50 g，
圣女果 5 个，
彩椒 10 g，
洋葱 10 g，
番茄酱 2 大勺，
捣细的蒜 1/4 小勺，
牛奶 4 大勺，
奶酪 1/2 块，
盐、胡椒粉各适量，
植物油适量

所需时间约 **30** 分钟

圣女果的酸甜、扇贝的微咸、彩椒的甜味、奶酪的醇香，一起组成了这道意式风味的调味饭。

做法

❶ 扇贝在流水下冲洗干净，入沸水焯 3 分钟，剥出肉。

❷ 焯好的扇贝肉切成 5 mm 的小丁。

❸ 用刀在圣女果的表面轻轻划一道口子，然后入沸水焯 30 秒左右，剥皮后切成 4 等份。

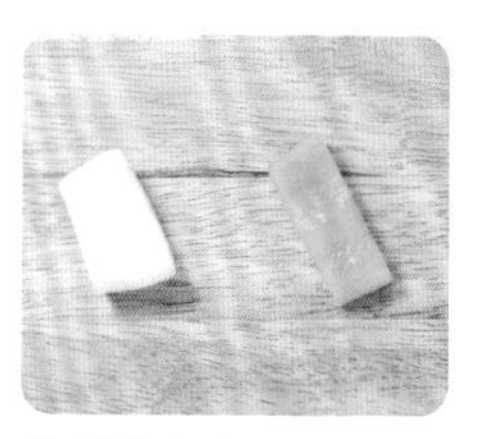

❹ 洋葱去皮后洗净，彩椒洗净后去掉中间的心。

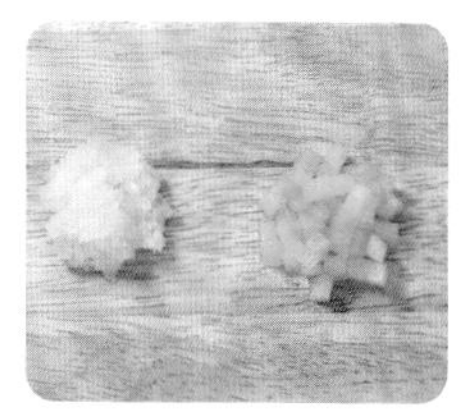

❺ 洋葱切成 1 mm^3 大的小丁，彩椒切成 5 mm^3 大的小丁。

❻ 在锅里放油，烧热后放入切碎的洋葱、大蒜，翻炒一下；放入泡好的大米，炒至米粒变得透明。

❼ 加入适量的水，然后放入扇贝、彩椒，一边搅动，一边再煮 5 分钟左右。

❽ 放入圣女果、牛奶、番茄酱、盐、胡椒粉，混合均匀后再煮 2 分钟，然后放入奶酪使之溶化，再煮 1 分钟即可。

牛肉蔬菜糙米饭

材料 大米 50 g，
糙米 50 g，
水 200 mL，
牛里脊肉 50 g，
胡萝卜 10 g，
西葫芦 10 g，
洋葱 10 g，
胡椒粉、盐各适量

所需时间约 **30** 分钟

到后期，可以给宝宝吃一些糙米或杂粮做成的营养饭。多种材料混合到一起做成米饭，做起来非常方便。注意糙米要在水里泡足 6 小时，这样才容易消化。

做法

❶ 糙米在水里泡 6 小时以上。

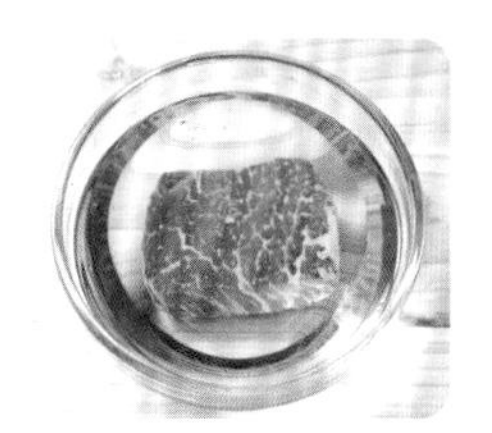

❷ 牛肉在清水中浸泡 20 分钟，泡去血水，放在沥干篮里沥干水分。

❸ 处理好的牛肉切成 5 mm^3 大的小丁，撒上盐、胡椒粉，腌渍入味。

❹ 胡萝卜和洋葱去皮后洗净，西葫芦洗净后备用。

❺ 把胡萝卜、洋葱、西葫芦切成 5 mm^3 大的小丁。

❻ 将糙米、大米、腌好的牛肉、蔬菜放入适量的水中，大火烧开。

❼ 烧开后再煮 5 分钟，然后关火，闷 10 分钟。

红薯蔬菜奶酪盖饭

材料 软大米饭 100 g，
红薯 50 g，
洋葱 10 g，
胡萝卜 10 g，
西葫芦 10 g，
牛奶 3 大勺，
奶酪 1/2 块，
植物油适量

所需时间约 **25** 分钟

这是一款融合了红薯的香甜和奶酪清香的盖饭。婴幼儿奶酪中，适合孩子的月龄数越高，盐的含量就越高，所以食物中如果放了奶酪，就要减少对盐的使用。

做法

❶ 红薯去皮，洗净，切成 1 mm³ 大的小丁，浸泡在冷水中。

❷ 胡萝卜和洋葱去皮后洗净，西葫芦洗净，切成 1 mm³ 大的小丁。

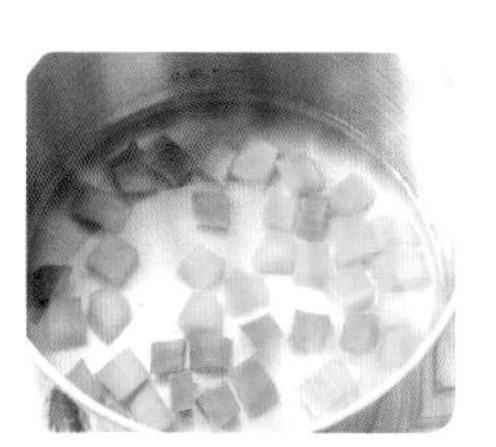

❸ 将红薯和胡萝卜放入沸水中煮 5 分钟。

❹ 往锅里加一点油，把平底锅烧热，放入洋葱、西葫芦，翻炒一下。

❺ 加入煮好的红薯、胡萝卜，翻炒一下。

❻ 加入牛奶，以小火煮至浓稠。

❼ 放入奶酪，小火煮至奶酪溶化，拌匀即可。

鸡蛋蘑菇汤饭

材料 米饭 100 g，
海带高汤 300 mL，
口蘑 20 g，
香菇 20 g，
鸡蛋 1 个，
酱油 1/2 小勺

所需时间约 **25** 分钟

鸡蛋是公认的健康食品，但是鸡蛋中的胆固醇含量比牛肉还要高。蘑菇可以降低胆固醇，和鸡蛋搭配在一起，妈妈就可以不必担心宝宝过多摄入胆固醇的问题啦。

做法

❶ 鸡蛋用筷子打散后，在滤网上过一遍。

❷ 口蘑去掉菌柄和外皮，香菇去掉菌柄。

❸ 处理好的蘑菇切成 5 mm^3 大的小丁。

❹ 将切好的蘑菇放入高汤中，以大火烧开。

❺ 放入打散的鸡蛋液并搅匀，再煮 3 分钟。

❻ 加入酱油调味，然后放入米饭，再煮 2 分钟即可。

蘑菇虾仁丸子汤

材料 虾仁 60 g，
鸡蛋 1 个，
香菇 1 个，
香油 1/4 小勺，
酱油 1/2 小勺，
海带高汤 300 mL，
盐适量，
植物油适量

所需时间约 **25** 分钟

利用虾仁，无需面粉即可做出筋道可口的丸子。海带高汤和酱油可以使汤的味道更加爽口，蘑菇可以起到补充营养的作用。

做法

❶ 虾仁洗净后沥干水分，切成细末。

❷ 切碎的虾仁中放入香油、盐，搅拌均匀，做成一个个小圆球。

❸ 鸡蛋用筷子打散后，在滤网上过一遍。

❹ 平底锅中抹少许油，烧热，虾仁丸子裹上蛋液，放入锅中煎一下。

❺ 香菇去掉菌柄后洗净，切成 5 mm^3 大的小丁。

❻ 海带高汤煮开，放入虾仁丸子和香菇，大火烧开。

❼ 蘑菇熟了以后加酱油调味，然后再煮 1 分钟。

小窍门

虾仁要充分沥干水分，这样才容易做成丸子。

蛋卷饭

材料 米饭 100 g，
鸡蛋 1 个，
洋葱 10 g，
胡萝卜 10 g，
西葫芦 10 g，
盐适量，
植物油适量

所需时间约 **25** 分钟

跟宝贝一起外出的时候，准备一点“妈妈牌辅食”带着出去是不是很好呢？蛋卷饭是用鸡蛋将炒饭卷在里面，炒饭能长时间保持湿润的口感，而且很容易让宝宝一个一个地拿在手里吃，最适合做成便当了。

做法

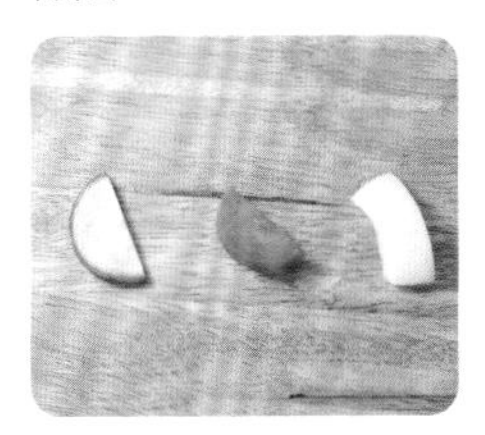

❶ 胡萝卜和洋葱去皮后洗净，西葫芦洗净。

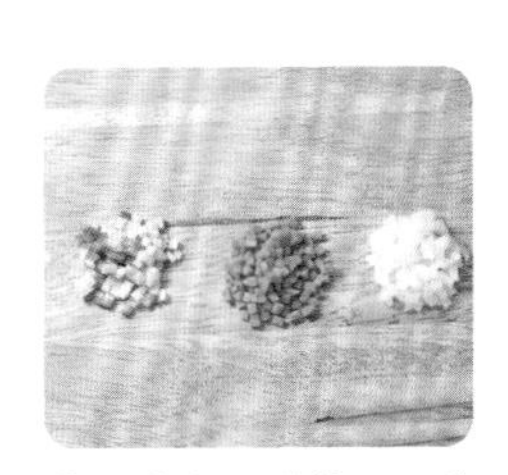

❷ 胡萝卜、洋葱、西葫芦切成 2 mm^3 大的小丁。

❸ 鸡蛋用筷子打散，在滤网上过一遍。

❹ 锅中加一点油，烧热后放入蔬菜翻炒一下。

❺ 加入米饭，用盐调一下味，然后继续翻炒。

❻ 炒饭放凉后做成大小合适的长圆形。

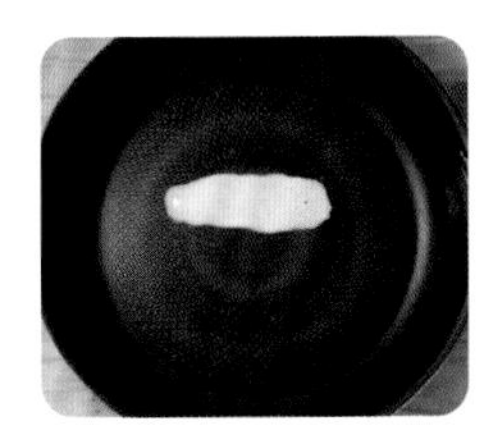

❼ 往平底锅里抹一层油，盛出一勺蛋液，摊出一个长形的蛋饼。

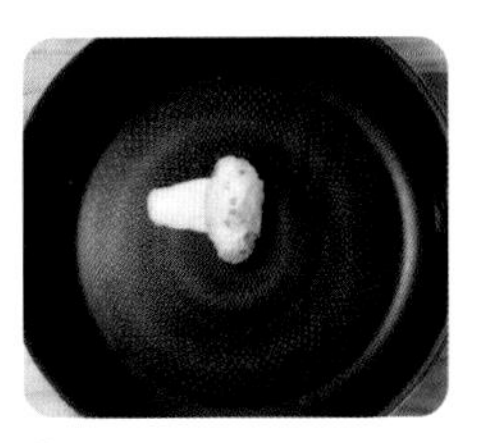

❽ 蛋饼五成熟的时候放上炒饭团，用蛋饼把饭团卷起来。依次做出所有的饭团。

鸡肉刀削面

材料 刀削面 50 g，
鸡肉高汤 300 mL，
鸡胸肉 50 g，
胡萝卜 10 g，
鸡蛋 1 个，
洋葱 10 g，
西葫芦 10 g，
盐适量

所需时间约 **25** 分钟

面条是宝宝们喜欢的一款食物。哧溜哧溜地吃面条多好玩儿呀！不过，面食不易消化，还可能引起过敏，不能让宝贝吃得太频哦。

做法

❶ 鸡肉去皮和脂肪，入沸水焯 3 分钟。

❷ 焯熟的鸡肉顺着肉的纹理撕成 5 mm 厚的肉片。

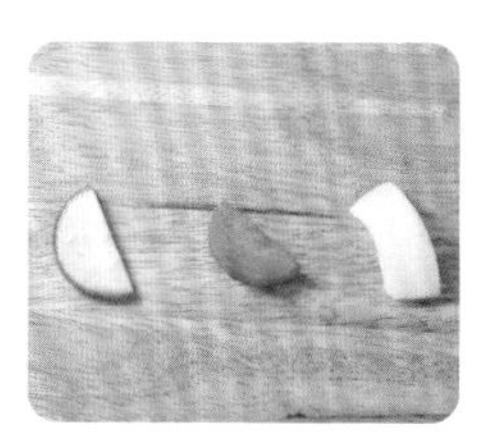

❸ 胡萝卜和洋葱去皮后洗净，西葫芦洗净后备用。

❹ 备好的蔬菜切成 3 mm 宽的丝。

❺ 鸡蛋用筷子打散后，在滤网上过一遍。

❻ 刀削面在沸水中煮 3 分钟，放在滤网上沥干水分，剪成 5 cm 长的段。

❼ 将胡萝卜、洋葱、西葫芦放入高汤中，大火烧开。

❽ 放入打散的鸡蛋液，搅匀。放入刀削面再煮 3 分钟，加盐调味。最后放入鸡肉作为浇头。

鸡胸肉彩椒饭团

材料 软饭 100 g，
鸡胸肉 50 g，
彩椒 20 g，
口蘑 1 个，
香油 1 小勺，
植物油适量，
牛奶适量，
盐适量

所需时间约 **25** 分钟

这是一款能让宝贝自己拿着吃的迷你饭团。鸡肉富含蛋白质，彩椒富含维生素，再加上香油的香味，使这款饭团好吃又营养。

做法

❶ 鸡肉去皮，去脂肪，在牛奶中浸泡 10 分钟，除去腥味。

❷ 处理好的鸡肉切成 $5\ mm^3$ 大的肉丁，然后撒上一些盐腌一下。

❸ 口蘑去掉菌柄和外皮，切成 $3\ mm^3$ 的小丁。

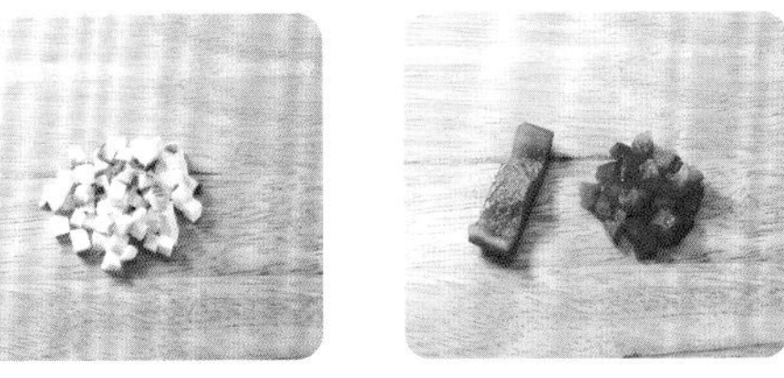

❹ 彩椒去掉中间的心，切成 $3\ mm^3$ 的小丁。

❺ 平底锅中抹少许油，烧热。放入腌好的鸡肉，翻炒至鸡肉六成熟。

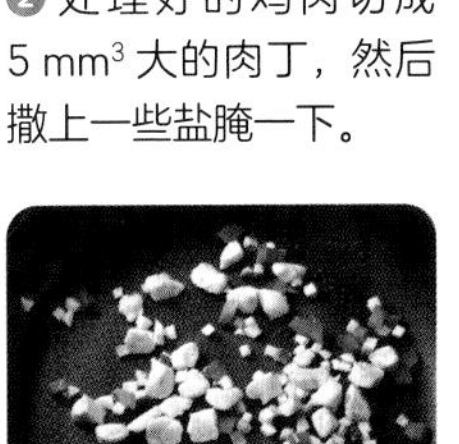

❻ 放入彩椒、口蘑和盐，翻炒至熟。

❼ 盛入碗中，放入米饭和彩椒、口蘑，滴入香油混合均匀。

❽ 做成圆圆的迷你饭团。

烤肉蔬菜盖饭

材料 软米饭 100 g，
水 3 大勺，
牛里脊肉 50 g，
胡萝卜 10 g，
洋葱 10 g，
西葫芦 10 g，
植物油适量，
酱油 1/2 大勺，
龙舌兰糖浆 1/2 小勺，
切细的葱 1/2 小勺，
香油 1/2 小勺

所需时间约 **25** 分钟

烤肉可是孩子特别喜欢的一种食物。为使烤肉和米饭充分融合，可适当地加一些水，使盖饭吃起来更加柔软可口。

做法

❶ 用厨房用纸盖在洗净的牛肉上用力压一下，吸出血水。

❷ 处理好的牛肉切成 5 mm³ 大的肉丁。

❸ 将酱油、龙舌兰糖浆、葱、香油放入牛肉中，腌 10 分钟。

❹ 胡萝卜和洋葱去皮后洗净，西葫芦洗净后备用。

❺ 备好的蔬菜切成 5 mm³ 大的小丁。

❻ 平底锅中抹少许油，放入腌好的牛肉翻炒一下。

❼ 放入蔬菜和适量的水，翻炒 2 分钟，装入盛放米饭的盘中即可。

牛肉卷心菜汤饭

材料 米饭 100 g，
水 300 mL，
牛里脊肉 50 g，
卷心菜 20 g，
酱油 1 小勺，
切碎的葱 1/2 小勺，
香油 1/2 小勺

所需时间约 **25** 分钟

卷心菜和牛肉无论是在味道上，还是营养上都十分适合搭配在一起。宝宝基本都十分喜欢吃汤饭的哦。

做法

❶ 牛肉在冷水中浸泡 20 分钟，泡去血水，放在沥干篮里沥干水分。

❷ 处理好的牛肉切成 5 mm^3 大的肉丁。

❸ 把酱油、葱、香油放入牛肉中，腌 10 分钟。

❹ 卷心菜去掉里面的心后洗净，切成 5 mm 长的碎片。

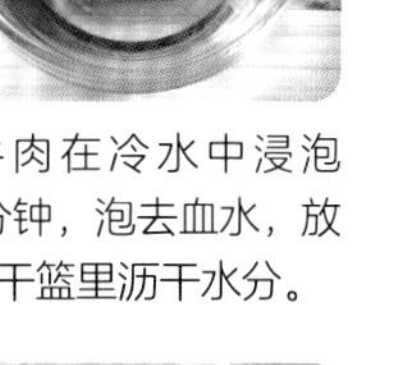

❺ 不粘锅中放入腌好的牛肉，炒熟。

❻ 加入水,放入卷心菜，水烧开后撇去浮沫，煮 5 分钟。

❼ 放入米饭，再煮 2 分钟。

香菇菠菜盖饭

香菇能增强免疫力，菠菜对人体生长发育十分有益。用这两种食材为宝宝做一款食物试试吧。

材料 软米饭 100 g，
水 3 大勺，
香菇 20 g，
菠菜 15 g，
酱油 1/2 大勺，
龙舌兰糖浆 1/2 小勺，
切细的葱 1/2 小勺，
香油 1/2 小勺

所需时间约 **25** 分钟

做法

❶ 香菇去掉菌柄，洗净，入沸水焯 2 分钟左右。

❷ 焯好的香菇切成 5 mm^3 大的小丁。

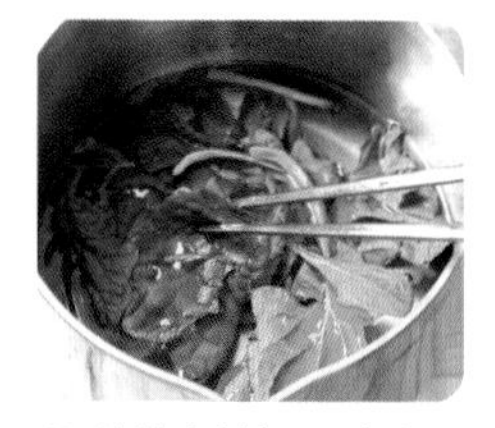

❸ 菠菜去掉根后洗净，入沸水焯 1 分钟左右。

❹ 焯好的菠菜挤干水分，切成 5 mm 长的小段。

❺ 在锅中放入香菇、菠菜、水、酱油、糖浆、葱、香油，慢慢翻炒，让调料的味道充分融入食物中，熟后盛在软米饭上即可。

蔬菜肉饼

猪肉剁细，加入蔬菜，做成圆形的小肉饼煎熟，可以当菜配米饭吃，非常可口。

材料 猪里脊肉 100 g，
胡萝卜 10 g，
洋葱 10 g，
蛋黄 1 个，
面包粉 2 大勺，
欧芹粉 1/2 小勺，
盐、胡椒粉各适量，
植物油适量

所需时间约 **25** 分钟

做法

❶ 猪肉剁细后加入盐、胡椒粉，腌渍一会儿，使之入味。

❷ 胡萝卜和洋葱去皮后洗净，切成 2 mm³ 大的小丁。

❸ 鸡蛋分离出蛋黄。

❹ 碗中放入腌好的猪肉、蔬菜、蛋黄、面包粉、欧芹粉，用力搅拌均匀。

❺ 把和好的肉泥揉成扁圆形。

❻ 平底锅中抹少许油，放入肉饼，开中火。一面熟了以后，翻过来把另一面也煎熟。

坚果蔬菜炒饭

坚果类食材含有大量的有助于大脑发育的人体必需脂肪酸，但食用坚果存在着引起过敏的风险，因此一定要将坚果充分弄细后再用到食物中去，并且要留意宝宝吃完后的反应。

材料 米饭 100 g，
胡萝卜 10 g，
洋葱 10 g，
西葫芦 10 g，
核桃仁 5 g，
松仁 5 g，
植物油少许，
盐少许

所需时间约 **25** 分钟

做法

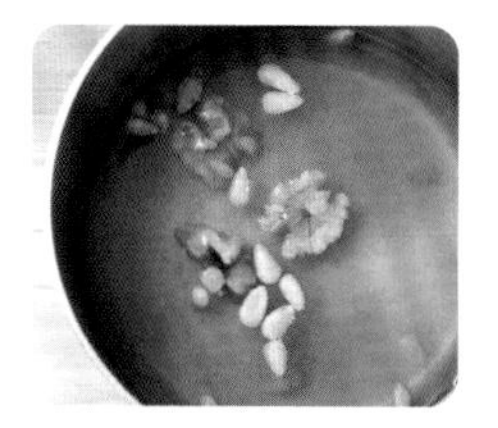

❶ 核桃仁和松仁入沸水焯 2 分钟。核桃去皮。

❷ 焯好的核桃仁和松仁切成 3 mm^3 左右的丁。

❸ 胡萝卜和洋葱去皮后洗净，西葫芦洗净。

❹ 胡萝卜、洋葱、西葫芦切成 3 mm^3 大的小丁。

❺ 平底锅中抹少许油，烧热，放入蔬菜和盐，翻炒一下。

❻ 蔬菜炒熟后，放入核桃仁、松仁、米饭，翻炒均匀就可以出锅。

苹果拌面

面条是一种宝宝爱吃的食物。在挂面中加入苹果，不但有助于消化，还能带来甜味，口感非常棒。

材料 挂面 30 g，
苹果条 10 g，
苹果汁 2 大勺，
酱油 1/2 大勺，
香油 1 小勺，
白芝麻 1 小勺

所需时间约 **25** 分钟

做法

❶ 挂面在沸水中煮 3 分钟。

❷ 煮好的挂面放在滤网上，用冷水过一遍，再用纯净水过一遍，最后沥干水分。

❸ 白芝麻用石臼捣细。

❹ 在碗里放入挂面和苹果汁、酱油、香油、白芝麻，把面拌匀后剪成 5 cm 长的段。

❺ 在面条上放上苹果条即可。

小窍门

煮挂面的时候，可以事先准备一杯凉水，挂面浮上来以后就点几次凉水进去。这样可以防止锅中的水溢出来，还能使面条的口感更筋道。

南瓜鸡胸肉饭

材料 大米100 g，
水200 mL，
洋葱10 g，
鸡胸肉50 g，
南瓜（绿皮）30 g，
黄色彩椒10 g，
红色彩椒10 g，
牛奶80 mL，
奶酪1/2块，
捣细的大蒜1/4小勺，
盐、胡椒粉各适量，
植物油适量

所需时间约 **30** 分钟

用绿皮南瓜和牛奶做出来的这道意大利风味的调味饭味道甜美，香味四溢，深受孩子的喜爱。通过这款食物，一直吃惯了半流质的小宝贝还能体验到吃饭的乐趣，可谓锦上添花。

做法

❶ 鸡肉去掉皮和里面的脂肪，在牛奶中浸泡10分钟，除去腥味。

❷ 处理好的鸡肉切成5 mm^3 大的肉丁，撒上适量盐腌一会儿。

❸ 南瓜洗净，去皮，彩椒洗净去籽，分别切成5 mm^3 大的小丁。

❹ 洋葱洗净后切成1 mm^3 大的小丁。

❺ 平底锅中抹少许油，烧热，放入切好的洋葱和蒜，翻炒一下。

❻ 放入泡好的米，翻炒至米粒变得透明。

❼ 加入水和鸡肉、南瓜、彩椒，煮5分钟。

❽ 加入适量盐、胡椒粉，调匀后煮2分钟。烧开后放入奶酪，使之溶化，最后再煮1分钟。

鸡蛋豆腐米饭羹

材料 米饭 100 g，
鸡蛋 1 个，
豆腐 1/4 块，
胡萝卜 10 g，
黄色彩椒 10 g，
红色彩椒 10 g，
盐、胡椒粉各适量

所需时间约 **30** 分钟

这款食物中，既有鸡蛋和豆腐，又有蔬菜，是一款营养满分的辅食，吃起来口感柔滑，还好消化。可以少放一点盐和胡椒粉，能去除鸡蛋的腥味。

做法

❶ 鸡蛋用筷子打散，在滤网上过一遍。

❷ 豆腐在清水里浸泡一会儿，泡掉卤水后放在滤网上沥干水分，然后均匀压细。

❸ 胡萝卜去皮后洗净，彩椒洗净后去掉种子和中间的心。

❹ 备好的胡萝卜和彩椒切成 5 mm^3 大的小丁。

❺ 将米饭、鸡蛋、豆腐、蔬菜放入碗中搅匀，放适量盐和胡椒粉。

❻ 用锡箔纸将碗口封住。

❼ 放入烧开的蒸器中蒸 20 分钟左右。

豆腐烧茄子盖饭

材料 软米饭 100 g，
豆腐 1/4 块，
茄子 20 g，
香油 1/2 小勺，
植物油适量，
酱油 1/2 大勺，
龙舌兰糖浆 1/2 小勺，
水 3 大勺，
切细的葱 1/2 小勺

所需时间约 **25** 分钟

豆腐和茄子都是不会给肠胃带来负担的柔软食材。辅食完成期的孩子，消化能力有限，这一款辅食非常适合此阶段的宝宝吃。

做法

❶ 豆腐洗净后，除去卤水，在滤网上沥干水分。

❷ 把豆腐切成 1 cm^3 大的小块。

❸ 茄子洗净后切成 5 mm^3 的小丁。

❹ 平底锅中抹少许油，把茄子炒一下。

❺ 放入豆腐和酱油、糖浆、水、葱，翻炒一下。

❻ 放入香油，快速翻炒一下，出锅盛在饭上。

要使用稍微硬一点的豆腐，这样炒的时候才不会炒散。如果豆腐不结实，可以用植物油稍微煎一下，然后按照步骤往下操作。

蛤蜊大酱汤饭

材料 米饭 100 g，
水 300 mL，
蛤蜊 100 g，
黄豆芽 30 g，
大酱 1/2 大勺，
小葱 1/2 根，
盐适量

所需时间约 **25** 分钟

贝类中，用蛤蜊做出的汤味道鲜美爽口，能激发孩子的食欲。黄豆芽去掉较硬的部分后使用。

做法

❶ 蛤蜊在盐水中浸泡 30 分钟，让其吐净泥沙。

❷ 吐净沙子的蛤蜊放在流水下用手搓洗干净。

❸ 黄豆芽去梢，切成 2 cm 长的段；小葱洗净后只取绿色的部分，切成 5 mm 长的段。

❹ 锅中加水，放入蛤蜊，煮 3 分钟。

❺ 用滤纸或纱布将煮过蛤蜊的水过滤一遍，即为蛤蜊汤。剥出蛤蜊肉。

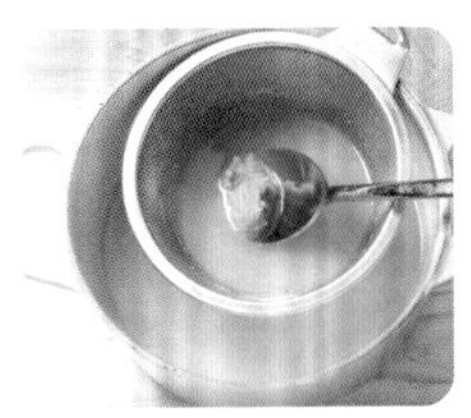

❻ 锅里倒入蛤蜊汤，放入大酱，搅散后煮开。

❼ 烧开后放入黄豆芽、蛤蜊肉，再煮 5 分钟。

❽ 放入小葱和米饭，煮 2 分钟。

猪肉杂菜饭

材料 软米饭 100 g，
猪里脊肉 50 g，
粉条 30 g，
香菇 20 g，
胡萝卜 10 g，
洋葱 10 g，
盐、胡椒粉各适量，
植物油少许，
酱油 1 大勺，
龙舌兰糖浆 1 小勺，
水 2 大勺，
香油 1 大勺
切碎的葱 1 小勺

所需时间约 **30** 分钟

猪肉富含蛋白质、矿物质和维生素 B_1，营养丰富。不过，猪肉有时会引起过敏，最好给孩子吃没有脂肪的里脊肉部分，同时注意观察孩子的反应。

做法

❶ 猪肉切成 0.5 cm × 3 cm 的长条，撒上盐和胡椒粉腌渍一会儿。

❷ 香菇去掉菌柄后切成 0.5 cm × 3 cm 的丝。

❸ 胡萝卜和洋葱去皮后洗净，切成 0.5 cm × 3 cm 的丝。

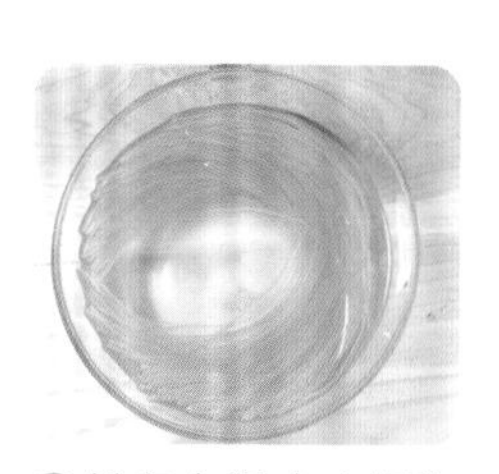

❹ 粉条在温水中浸泡 30 分钟，然后在沸水中快速焯烫一下。

❺ 焯好的粉条放在滤网上沥干水分，切成 3 cm 长的段。

❻ 在平底锅中抹少许油，先下猪肉翻炒一下。

❼ 猪肉炒至五成熟时放入香菇、胡萝卜、洋葱和酱油、糖浆、水、香油、葱，炒 2 分钟。

❽ 放入粉条和软米饭，再炒 1 分钟。

小银鱼玉米炒饭

材料 米饭 100 g，
小银鱼 10 g，
玉米 20 g，
洋葱 10 g，
胡萝卜 10 g，
香油 1/2 小勺

所需时间约 **25** 分钟

玉米含有丰富的膳食纤维和矿物质，对便秘很有好处。如果不是玉米的时令季节，买不到新鲜玉米，也可以用玉米罐头来代替。

做法

❶ 小银鱼放在滤网上，用水冲洗干净，然后沥干水分。

❷ 处理好的小银鱼切成 2 mm 长的段。

❸ 将玉米粒洗净后在滤网上沥干水分。

❹ 把胡萝卜和洋葱去皮后洗净，切成 3 mm^3 的小丁。

❺ 把平底锅烧热后，放入小银鱼翻炒一下。

❻ 放入玉米、蔬菜、香油后翻炒一下。

❼ 放入米饭，翻炒均匀即可出锅。

金枪鱼油豆腐饭卷

材料 米饭 100 g，
油豆腐 3 片，
金枪鱼 30 g，
胡萝卜 10 g，
西葫芦 10 g，
香油 1/2 小勺，
黑芝麻 1/4 小勺

所需时间约 **25** 分钟

辅食完成期可以使用一些外面买回来的成品给宝宝制作食物。金枪鱼罐头和油豆腐本身都带有咸味，不必另外加盐，只需稍微加一点香油即可。

做法

❶油豆腐在沸水中焯 5 分钟。

❷焯好的油豆腐放凉，沥干水分，从中间一切为二。

❸金枪鱼放在滤网上沥净油。

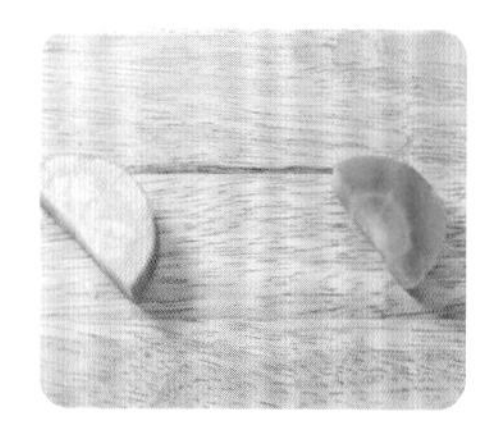

❹胡萝卜去皮后洗净，西葫芦洗净，备用。

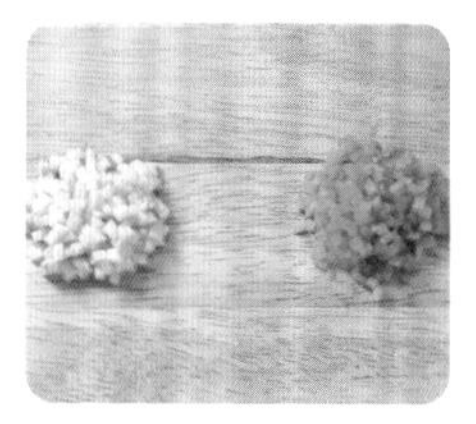

❺胡萝卜和西葫芦切成 3 mm^3 的小丁。

❻在碗里放入米饭、金枪鱼、蔬菜、香油、黑芝麻，搅拌均匀。

❼往油豆腐里包进做法❻中的馅料。

小银鱼紫菜饭

材料 大米100g，
海带高汤200mL，
小银鱼10g，
紫菜2g，
香油1小勺

所需时间约 **30** 分钟

小银鱼含钙，与富含维生素D的海带类食材一起食用能提高宝宝对钙的吸收率。小银鱼味道偏咸，不必另外加盐。

做法

❶ 小银鱼放在滤网上用水冲洗干净，沥干水分。

❷ 处理好的小银鱼切成2mm长的段。

❸ 紫菜在水里浸泡10分钟。

❹ 泡好的紫菜揉洗干净，放在滤网上沥干水分，切成3mm长的段。

❺ 平底锅烧热后放入小银鱼翻炒一下，然后放入紫菜和香油继续翻炒。

❻ 在锅里加入高汤和大米，以大火烧开。

❼ 烧开后再煮5分钟，然后用小火焖熟。

金针菇松仁饭团

金针菇含有较多的膳食纤维，比其他蘑菇耐嚼，可以帮助宝宝练习咀嚼能力。

材料 软米饭 100 g，
金针菇 20 g，
松仁 10 g，
香油 1/2 小勺，
盐适量

所需时间约 **25** 分钟

做法

❶ 金针菇去根，入沸水焯 1 分钟。

❷ 焯好的金针菇挤干水分，切成 3 mm 长的段。

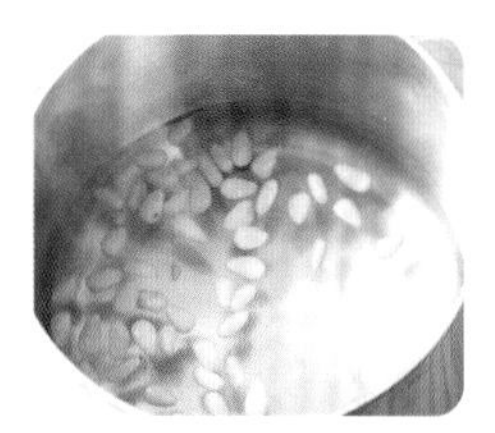

❸ 松仁在沸水中焯 2 分钟。

❹ 焯过的松仁切成 2 mm^3 的丁。

❺ 在碗里放入米饭和金针菇、松仁、香油、盐，搅拌均匀。

❻ 捏成圆圆的饭团。

乌冬面大酱汤

在大酱汤里放入乌冬面，煮出来又是一顿美餐。里面不但有孩子们喜欢吃的豆腐，还有不少蔬菜，从而保证了营养，宝宝吃得高兴，妈妈看着开心。

材料 乌冬面 1/2 袋，
水 2 杯，
香菇 20 g，
西葫芦 20 g，
豆腐 1/4 块，
大酱 1/2 大勺

所需时间约 **20** 分钟

做法

❶ 乌冬面在沸水中煮 2 分钟，然后在滤网上沥干水分。

❷ 西葫芦洗净后切成 5 mm 厚的丝。

❸ 香菇去掉菌柄后切成 5 mm 厚的丝。

❹ 豆腐洗净后切成 1 cm^3 的小块。

❺ 锅中倒水，放入大酱，边煮边把大酱搅散，水开后放入西葫芦、香菇、豆腐，再煮 5 分钟。

❻ 放入乌冬面，再煮 1 分钟即可。

面食类食物最好在午饭时喂给宝宝吃，这样胃的负担小一些。

西红柿鸡蛋炒饭

材料 米饭 100 g，
西红柿 30 g，
西蓝花 10 g，
鸡蛋 1 个，
洋葱 10 g，
盐适量，
植物油适量

所需时间约 **25** 分钟

西红柿不仅含有丰富的营养成分，还有排钠的功效。辅食完成期便可以在食物中使用调味料了，从这个阶段开始，可以多用西红柿给宝宝做些好吃的。西红柿熟吃比生吃更有营养。

做法

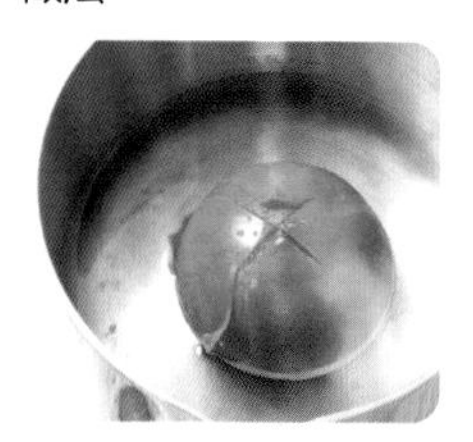

❶ 用刀在西红柿表皮上划十字，把西红柿放入沸水中焯 30 秒，捞出后去皮。

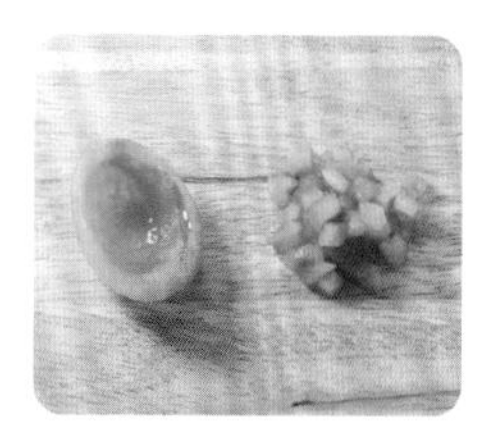

❷ 去掉西红柿的种子，切成 5 mm^3 大的小丁。

❸ 西蓝花洗净，掰成小朵后切成 3 mm^3 大的丁。

❹ 洋葱洗净去皮后切成 3 mm^3 大的丁。

❺ 鸡蛋用筷子打散后在滤网上过一遍。

❻ 平底锅中抹少许油，把锅烧热后浇上蛋液，用筷子把蛋饼搅散。

❼ 往锅底再抹少许油，烧热后放入洋葱翻炒一会儿，再放入西红柿、西蓝花继续翻炒。

❽ 加入米饭和之前炒好的鸡蛋，加盐调味，再翻炒一下即可出锅。

鸡胸肉奶酪盖饭

材料 软米饭 100 g，
鸡胸肉 50 g，
洋葱 10 g，
西葫芦 10 g，
牛奶 4 大勺，
奶酪 1/2 块，
盐适量，
植物油适量

所需时间约 **25** 分钟

这款盖饭中加入了牛奶和奶酪，非常鲜香、嫩滑，是一款深受宝宝喜爱的食物。

做法

❶ 鸡肉去皮，去脂肪，在牛奶中浸泡10分钟，除去腥味备用。

❷ 处理好的鸡肉切成 5 mm³ 大的肉丁，撒上盐腌渍一会儿。

❸ 洋葱去皮后洗净，西葫芦洗净，切成 5 mm³ 大的小丁。

❹ 在平底锅中倒一点油，放入腌好的鸡肉翻炒。

❺ 鸡肉炒至五分熟，放入洋葱和西葫芦一起翻炒。

❻ 加入牛奶，煮 2~3 分钟，直至食材变得较为浓稠。

❼ 放入奶酪，奶酪溶化后出锅，盛在米饭上即可。

豆芽牛肉汤饭

材料 米饭 100 g，
水 300 mL，
牛里脊肉 50 g，
黄豆芽 30 g，
切碎的葱 1/2 小勺，
酱油 1 小勺，
香油 1/2 小勺

所需时间约 **25** 分钟

豆芽做出的汤非常爽口，煮成汤饭，宝宝食用后非常容易消化。

做法

❶ 牛肉在清水中浸泡 20 分钟，除去血水，放在滤网上沥干。

❷ 处理好的牛肉切成 $5\ mm^3$ 大的肉丁。

❸ 在牛肉中加入葱、酱油、香油拌匀，腌渍 10 分钟。

❹ 黄豆芽去掉梢的部分，切成 2 cm 长的段。

❺ 在平底锅中放入腌好的牛肉，翻炒至熟。

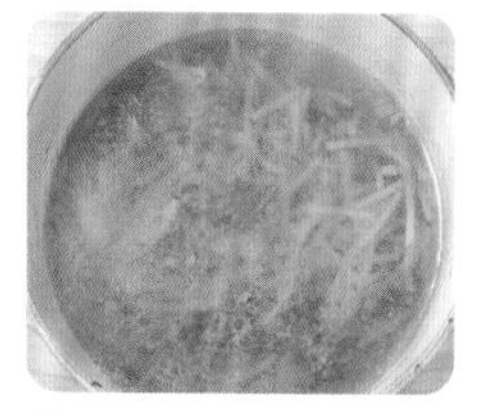

❻ 加入水和黄豆芽，水开后撇去浮沫，煮 5 分钟。

❼ 放入米饭，再煮 2 分钟即可。

香菇蒸肉

材料 牛里脊肉 50 g，
香菇 2 个，
洋葱 10 g，
胡萝卜 10 g，
面粉 1 大勺，
盐、胡椒粉各适量

所需时间约 **30** 分钟

这是在香菇里面装上软烂的牛肉和蔬菜，然后蒸出来的一道食物。配米饭吃特别棒。

做法

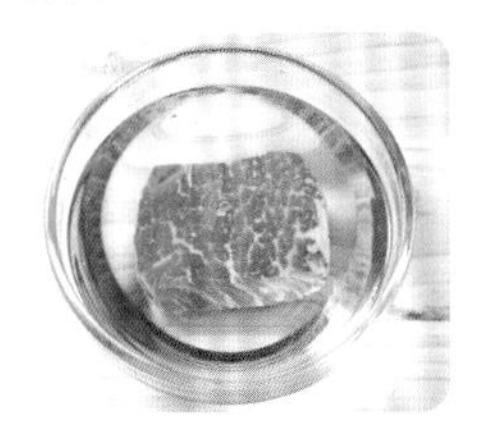

❶ 牛肉在凉水中浸泡 20 分钟，除去血水后，在滤网上沥干。

❷ 处理好的牛肉剁细后撒上盐、胡椒粉，腌渍一会儿。

❸ 胡萝卜和洋葱去皮后洗净，切成 2 mm^3 大的小丁。

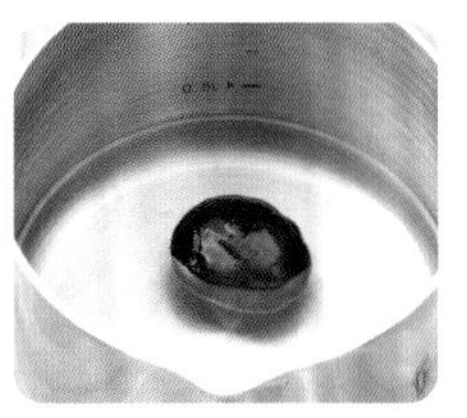

❹ 香菇去掉菌柄后入沸水焯 1 分钟，放在滤网上沥干水分。

❺ 碗中放入腌好的牛肉和蔬菜，搅拌均匀。

❻ 在香菇盖里撒上一层面粉，然后用和好的肉馅填满。

❼ 把香菇肉放在烧开的蒸器中蒸 15 分钟。搭配饭团食用。

完成期零食

八宝饭

材料　糯米 1 杯，栗子 2 个，大枣 3 颗，
葡萄干 10 g，龙舌兰糖浆 2 大勺，
香油 1 大勺，酱油 1/2 大勺，
桂皮粉 1/4 小勺，水 200 mL

做法

1. 糯米在水里浸泡 4 小时，然后沥干水分。
2. 栗子去皮后洗净，切成 1 cm^3 大的小块。
3. 大枣去掉核后切成细丝。
4. 锅中放适量的水，放入大枣核，煮 5 分钟，然后捞出枣核。
5. 往锅中放入糯米、栗子、大枣肉、葡萄干、龙舌兰糖浆、香油、酱油、桂皮粉，搅拌均匀后烧开。
6. 烧开后再煮 5 分钟，然后调小火焖煮 10 分钟。

蟹肉点心

材料　面包 2 片，蟹肉 30 g，鸡蛋 1 个，
番茄酱适量，欧芹粉适量

做法

1. 鸡蛋在沸水中煮 15 分钟。
2. 煮熟的鸡蛋切成 5 mm 厚的薄片。
3. 蟹肉放在滤网上，入沸水稍微焯烫一下，然后沥干水分。
4. 利用圆形的模子从面包上取出一个圆。
5. 把面包放入烧热的平底锅中，两面煎一下。
6. 在面包上放上鸡蛋和蟹肉，挤上一点番茄酱，最后撒一点欧芹粉。

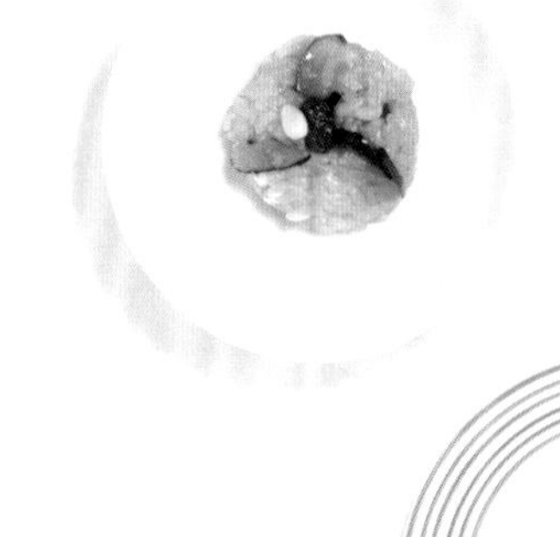

梨子甜点

材料　梨 1 个，黄糖 2 大勺，柠檬汁 1 小勺

做法

1. 梨洗净去皮，去核，切成 1 mm 厚的细丝。
2. 锅中放入梨和黄糖，腌渍 30 分钟。
3. 开中火，加适量水，边搅动边煮 3 分钟。
4. 加入柠檬汁，煮至汤汁较少、较浓稠时即可。

酸奶沙拉

材料　苹果 30 g，圣女果 2 个，
南瓜（绿皮）30 g，
龙舌兰糖浆 1 大勺，酸奶 1/2 瓶

做法

1. 苹果洗净后去皮，去核，果肉切成 1 cm^3 的小块。
2. 圣女果洗净后切成 4 等份。
3. 绿皮南瓜去皮，去瓤，洗净，切成 1 cm^3 的小块。
4. 将南瓜放入沸水中煮 5 分钟，捞出放凉。
5. 碗中放入苹果、圣女果、南瓜，在上面撒上糖浆和酸奶。

苹果胡萝卜三明治

材料　苹果 30 g，胡萝卜 5 g，
水 2 大勺，面包 1 个

做法

❶ 苹果洗净后去皮，去核，果肉在礤菜板上擦细。

❷ 胡萝卜去皮洗净，在礤菜板上擦细。

❸ 平底锅中放入苹果、胡萝卜、水，开小火，煮成比较黏稠的蔬果酱。

❹ 面包去掉边，从中间切成两半。放入锅中，将两面煎至金黄。

❺ 在面包上抹上蔬果酱，然后再用一片面包盖在上面，用手整理对齐切小块，三明治就做好了。

南瓜土豆饼

材料　南瓜（绿皮）30 g，土豆 70 g，
植物油适量

做法

❶ 南瓜去掉瓤，带皮在烧开的蒸器中蒸 15 分钟。蒸熟后去皮，用压碎器压成南瓜泥。

❷ 土豆去皮后洗净，在礤菜板上擦细，放滤网上 20 分钟，沥干水分。

❸ 将南瓜与土豆混合，搅拌均匀。

❹ 在平底锅中抹少量油，把锅烧热，用勺子一勺一勺地把南瓜土豆泥挖到锅中，整出一个漂亮的形状并煎熟。

完成期饮料

草莓酸奶果昔

材料　草莓 5 个，酸奶 1/2 瓶，牛奶 100 mL，龙舌兰糖浆 1/4 小勺

做法

1. 草莓洗净后去掉果蒂。
2. 用搅拌机把草莓、酸奶、牛奶、糖浆打细打匀。

香蕉猕猴桃果汁

材料　黄金猕猴桃 1 个，香蕉 1 个，牛奶 100 mL

做法

1. 猕猴桃洗净后去皮。
2. 香蕉去皮后取中段果肉。
3. 在搅拌机中放入猕猴桃、香蕉、牛奶后打成果汁。

蓝莓香蕉果汁

材料　蓝莓 30 g，香蕉 1 个，牛奶 100 mL

做法

1. 蓝莓洗净后放在沥干篮里沥干水分。
2. 香蕉去皮后取中段果肉。
3. 在搅拌机中放入蓝莓、香蕉、牛奶后打成果汁。

橘子酸奶

材料　酸奶 1 瓶，橘子 1 个

做法

1. 橘子剥皮，去籽，连内膜一起剥掉。
2. 一半橘子捣细，另一半切成 5 mm^3 的小块，一起放入碗中。
3. 将酸奶加入碗中，搅拌均匀。

特殊时期的辅食

■ 腹泻 ■

腹泻时身体会流失大量的水分，因此很容易出现脱水的症状。

此时要多喂宝宝喝大麦茶、梅子茶或温开水来给身体补水。

梅子茶

材料　梅子蜜 1 大勺，水 250 mL

做法

❶ 锅中放入适量的水，烧开。

❷ 水开后关火，加入梅子蜜，搅拌均匀，使之化开即可。

韭菜粥

材料　洗净的大米 30 g，韭菜 10 g，水 250 mL

做法

❶ 大米在清水中浸泡 30 分钟，放在沥干篮里沥干水分。

❷ 韭菜去掉硬茎，只取叶子部分洗净。

❸ 韭菜切成 3 mm 长的段。

❹ 锅中放入适量的水，水开后放入大米、韭菜，煮 5~6 分钟，煮的同时用饭勺不停地搅动。

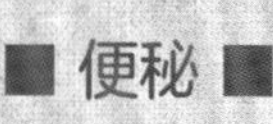

■ 便秘 ■

如果对膳食纤维或水分的摄取量不够，就很容易出现便秘。这时要让宝宝多吃以膳食纤维多的苹果、红薯或卷心菜做成的食物，来给身体补充水分，促进肠蠕动。

苹果卷心菜汁

材料　苹果 50 g，卷心菜 50 g

做法

❶ 苹果洗净后去皮，去核。

❷ 卷心菜洗净后去掉中间的硬心，撕成小片。

❸ 把备好的苹果和卷心菜放入搅拌机打细。

❹ 放到滤网上，用饭勺把汁压出来。

红薯汤

材料　红薯 50 g，奶粉 20 g，温开水 200 mL

做法

❶ 红薯去皮后洗净，放入烧开的蒸器中蒸 10 分钟。

❷ 用温开水把奶粉冲开。

❸ 把红薯放入冲好的奶粉液中，煮 3~4 分钟。

■ 发热 ■

宝宝发热的时候要用湿毛巾随时给宝宝擦身，还要用大麦粥、陈皮茶或果汁等给宝宝充分补充水分和糖分。

陈皮茶

材料　陈皮 5 g，水 400 mL

做法

1. 将陈皮在水里洗干净。
2. 在锅中放入水和陈皮，烧开。
3. 水开后，转中火，煮至 200 mL 即可关火。

大麦粥

材料　大麦米 30 g，西蓝花 15 g，水 250 mL

做法

1. 大麦米在水里泡足 4 小时后，放在滤网上沥干水分。
2. 西蓝花掰成小朵，洗净后入沸水焯 1 分钟。
3. 去掉西蓝花的硬茎，剩余部分切成 3 mm 长的段。
4. 锅中加水，水开后加入泡好的大麦米、西蓝花，用饭勺一边搅动一边煮 5~6 分钟，煮至米粒软烂。

梨汁

材料　梨 1 个

做法

1. 梨洗净后去皮，去核，在礤菜板上擦细。
2. 梨肉放到滤网上，用饭勺压出汁。
3. 把梨汁放入锅中烧开，随后关火，晾后即可饮用。